高标准农田建设工作导则

陶国树　主编

黄河水利出版社
·郑州·

内 容 提 要

本书对高标准农田建设工作的初步设计、工程监理、施工等进行了详细的阐述,并从建设方案的初步设计评审、批复以及工程的评价验收及管护等方面提出了解决方法及综合措施。主要内容包括:高标准农田建设规范标准及政策文件、工程设计、初步设计评审与批复以及工程的施工管理、评价验收及管护等。

本书可供从事高标准农田建设工作的设计、评审、批复以及施工管理、评价验收及管护的工程技术人员以及相关领域的研究人员阅读参考。

图书在版编目(CIP)数据

高标准农田建设工作导则/陶国树主编.—郑州:
黄河水利出版社,2021.11 (2023.5 重印)
ISBN 978-7-5509-3159-6

Ⅰ.①高… Ⅱ.①陶… Ⅲ.①农田基本建设-研究-中国 Ⅳ.①S28

中国版本图书馆 CIP 数据核字(2021)第 236052 号

组稿编辑:王路平 电话:0371-66022212 E-mail:hhslwlp@126.com
田丽萍 66025553 912810592@qq.com

出 版 社:黄河水利出版社 网址:www.yrcp.com
地址:河南省郑州市顺河路黄委会综合楼14层 邮政编码:450003
发行单位:黄河水利出版社
发行部电话:0371-66026940、66020550、66028024、66022620(传真)
E-mail:hhslcbs@126.com
承印单位:河南育翼鑫印务有限公司
开本:787 mm×1 092 mm 1/16
印张:12.75
字数:300千字 印数:1 801—3 100
版次:2021年11月第1版 印次:2023年5月第2次印刷
定价:100.00元

《高标准农田建设工作导则》
编委会

主　　任	苏丽红				
副 主 任	王荣光	薛艳丽	赵增运	曹广锋	任建永
委　　员	任彦海	吉力宏	荆临敬	许仲华	贾世力

主　　编	陶国树				
副 主 编	刘志强	张崇山	王　菁	李革胜	杜玉柱
	陈　林	郭静晶	王小果		
编著人员	陶国树	李革胜	刘志强	王　菁	张晓龙
	杜玉柱	苏　晨	张崇山	孙新忠	周保业
	景鹏凯	孟晓民	吴　斌	杨　霞	秦文辉
	郭平福	史华锋	刘　荣	申锋锋	崔鹏威
	程套龙	张子辉	吴明侠	樊悦悦	郭静晶
	王小果				

起 草 单 位	运城市农业农村局
技术指导单位	山西省农业农村厅农田建设管理处
合 作 单 位	盐湖区农业农村局
	山西水利职业技术学院
	新疆天业节水灌溉股份有限公司
	山西省普林工程咨询有限公司

前　言

  我国是一个 14 亿多人口的大国,粮食安全是关系我国国民经济发展、社会稳定的全局性重大战略问题。保障我国粮食安全,对构建社会主义和谐社会和推进社会主义新农村建设具有十分重要的意义。高标准农田建设是保证中国的粮食产量和粮食安全、提升农田等级、增加农民收入的重要举措。为此,国家加强了高标准农田建设,其意义在于实现经济、社会、生态三方效益共赢,有力地推动了新农村建设步伐,解决了农村目前部分可耕地高低不平、农田环境面貌零乱、农田灌排系统不配套、抗灾能力较低等问题,提高了耕地质量,增加了耕地面积,有效地增加了高标准农田示范区农民的收入。

  国务院办公厅、农业农村部以及省市的农业农村厅相继出台了一系列政策文件,来保证高标准农田建设的顺利进行。2019 年 11 月,国务院办公厅发布了《国务院办公厅关于切实加强高标准农田建设 提升国家粮食安全保障能力的意见》(国办发〔2019〕50 号)。同年,山西省农业农村厅发布了《山西省农业农村厅关于进一步做好高标准农田建设项目有关工作的通知》(晋农建发〔2019〕8 号)。2020 年,农业农村部、财政部发布的 2020年重点强农惠农政策第 25 条指出,按照"五个统一"的要求,在全国建设高标准农田8 000 万亩(1 亩 = 1/15 hm²,全书同),并向粮食功能区、重要农产品保护区倾斜。山西省人民政府办公厅也颁布了《山西省人民政府办公厅关于切实加强高标准农田建设 巩固提升粮食安全保障能力的实施意见》(晋政办发〔2020〕94 号)文件。

  本书密切结合我国高标准农田建设的实际,对高标准农田建设工作进行了较为系统的阐述。全书共分六章,主要内容包括:收集了近二十年国家出台的标准文件和政策法规;对高标准农田建设的工程设计内容和方法进行了详细的介绍;并对初步设计评审与批复的内容、组织、程序、要求等做了系统的说明;从招标投标、施工管理、监理等方面对工程施工进行了细致的描述;最后对高标准农田建设项目的评价验收及管护进行了技术支持及说明。

  本书由运城市农业农村局组织编写,在编写过程中得到了山西省农业农村厅农田建设管理处、盐湖区农业农村局、山西水利职业技术学院、新疆天业节水灌溉股份有限公司、山西省普林工程咨询有限公司等单位的大力支持和帮助,许多同志参与了本书的调研和编写工作。另外,本书在编写过程中还引用了大量的参考文献。在此,谨向为本书的完成提供支持和帮助的单位、所有编写人员和参考文献的原作者表示衷心的感谢!

  由于作者水平有限,书中存在的不妥之处,敬请读者朋友批评指正。

编　者
2021 年 8 月

目　录

第一章　规范标准

第一节　国家标准

一、高标准农田建设标准

《高标准农田建设 通则》(GB/T 30600—2014)、《高标准农田建设评价规范》(GB/T 33130—2016)。

二、灌溉工程标准

《农田灌溉水质标准》(GB 5084—2021)、《泵站设计规范》(GB 50265—2010)、《管道输水灌溉工程技术规范》(GB/T 20203—2017)、《节水灌溉用塑料管材和管件基本参数及技术条件》(T/C WEC11—2019)、《喷灌工程技术规范》(GB/T 50085—2007)、《灌溉与排水工程设计标准》(GB 50288—2018)、《节水灌溉工程技术规范》(GB/T 50363—2018)、《微灌工程技术标准》(GB/T 50485—2020)、《灌区规划规范》(GB/T 50509—2009)、《渠道防渗衬砌工程技术标准》(GB/T 50600—2020)、《机井技术规范》(GB/T 50625—2010)。

三、道路林网标准

《主要造林树种苗木质量分级》(GB 6000—1999)、《造林技术规程》(GB/T 15776—2016)、《农田防护林工程设计规范》(GB/T 50817—2013)、《乡村道路工程技术规范》(GB/T 51224—2017)。

四、农田质量定级标准

《土壤环境质量 农用地土壤污染风险管控标准(试行)》(GB 15618—2018)、《土地利用现状分类》(GB/T 21010—2017)、《农用地定级规程》(GB/T 28405—2012)、《农用地质量分等规程》(GB/T 28407—2012)、《耕地质量等级》(GB/T 33469—2016)。

第二节　行业标准

一、农业标准

《全国耕地类型区、耕地地力等级划分》(NY/T 309—1996)、《全国中低产田类型划分与改良技术规范》(NY/T 310—1996)、《有机肥料》(NY/T 525—2021)、《耕地质量监测技术规程》(NY/T 1119—2019)、《耕地质量验收技术规范》(NY/T 1120—2006)、《耕地地力调查与质量评价技术规程》(NY/T 1634—2008)、《农业建设项目初步设计文件编制规范》(NY/T 1715—2009)、《农田土壤墒情监测技术规范》(NY/T 1782—2009)。

二、土地管理标准

《土地整治项目规划设计规范》(TD/T 1012—2016)、《基本农田划定技术规程》(TD/T 1032—2011)、《土地整治项目设计报告编制规程》(TD/T 1038—2013)。

三、交通标准

《公路路面基层施工技术规范》(JTJ 034—2000)、《公路水泥混凝土路面设计规范》(JTG D40—2011)、《公路水泥混凝土路面施工技术规范》(JTG F30—2003)、《小交通量农村公路工程技术标准》(JTG 2111—2019)。

四、电力标准

《10 kV 及以下架空配电线路设计规范》(DL/T 5220—2021)。

第三节　地方标准

《乡村公路工程质量检验评定标准》(DB12/T 942—2020)、《湖南省高标准农田建设地方标准》(DB43/T 876.1—2014)、《运城市高标准农田建设指南》(DB1408/T 002—2017)。

第二章 政策文件

第一节 国家政策

《国务院办公厅关于切实加强高标准农田建设 提升国家粮食安全保障能力的意见》(国办发〔2019〕50号)、《国务院办公厅关于防止耕地"非粮化"稳定粮食生产的意见》(国办发〔2020〕44号)、《国务院关于全国高标准农田建设规划(2021—2030年)的批复》(国函〔2021〕86号)、《"十四五"全国农业绿色发展规划》、《乡村振兴战略规划(2018—2022年)》、《农田建设项目管理办法》(中华人民共和国农业农村部令2019年第4号)、财政部 农业农村部《农田建设补助资金管理办法》(财农〔2019〕46号)、《农业农村部关于印发〈高标准农田建设质量管理办法(试行)〉的通知》(农建发〔2021〕1号)、财政部 国土资源部《关于印发土地开发整理项目预算定额标准的通知》(财综〔2011〕128号)、《农业农村部种植业管理司关于2019年旱作节水农业技术推广指导意见》(农农(耕肥)〔2019〕5号)、《农业农村部办公厅关于统一高标准农田国家标识的通知》(农办建〔2020〕7号)、《自然资源部 农业农村部关于加强和改进永久基本农田保护工作的通知》(自然资规〔2019〕1号)。

第二节 地方文件

《山西省高标准农田建设总体规划(2014—2020年)》、《山西省人民政府办公厅关于加强地下水管理与保护工作的通知》(晋政办发〔2015〕123号)、《中共山西省委 山西省人民政府关于印发〈加强耕地保护和改进占补平衡工作实施方案〉的通知》(晋发〔2017〕43号)、《山西省人民政府办公厅关于鼓励引导社会资本参与土地整治的指导意见》(晋政办发〔2018〕1号)、《山西省人民政府办公厅关于切实加强高标准农田建设 巩固提升粮食安全保障能力的实施意见》(晋政办发〔2020〕94号)、《山西省农业农村厅关于印发〈全省农田建设项目管理实施办法〉的通知》(晋农建发〔2019〕6号)、《山西省农业农村厅关于进一步做好高标准农田建设项目有关工作的通知》(晋农建发〔2019〕8号)、《山西省农业农村厅办公室关于做好高标准农田建设工程监理工作的通知》(晋农办田发〔2019〕235号)、《山西省农业农村厅关于做好2019年度高标准农田建设项目竣工验收资料收集整理工作的通知》、《山西省农业农村厅关于做好2020年利用社会资本投资参与高标准农田建设的通知》(晋农建发〔2020〕10号)、《山西省农业农村厅关于进一步明确农田建设项目调整有关事项的通知》(晋农建发〔2020〕11号)、《山西省农业农村厅办公室关于开展高标准农田建设项目信息在线填报工作的通知》(晋农办建函〔2020〕25号)、《山西省农业农村厅办公室关于加强高标准农田耕地质量调查检测评价工作的通知》(晋农办建发〔2021〕66号）、《山西省农业农村厅办公室关于做好2019年度高标准农田建设项目竣工验收工作的通知》（晋农办建发〔2020〕233号）、《山西省农业农村厅办公室关于做好农田建设项目工程管护工作的通知》（晋农办建发〔2020〕256号）、《运城市水务局关于暂停新增运城市黄河流域水资源超载地区取水许可的通知》（运水资源函〔2020〕349号）、《关于印发山西省工程建设项目招标投标监督管理办法的通知》（晋发政法规发〔2021〕373号）。

第三章　工程设计

第一节　立项选址与申报

一、立项选址原则

项目区应选定具有较丰富的耕地资源,开发潜力较大;资源环境承载能力强,能够实现永续利用;区域农田建设规划明确,具备农业生产条件和发展基础;农业灌溉以利用地表水为主,水源有保证,灌排骨干工程建设条件基本具备的区域。

坚持相对集中连片、整体推进的原则,单个项目建设面积,原则上平原地区不低于3 000亩,丘陵山区不低于1 000亩。贫困县可适当降低单个项目建设规模。在集中连片范围内仍有部分田块没有实施过高标准农田建设的,可以按"填平补齐"的原则将其列入实施范围。

对拟选定实施高标准农田和高效节水灌溉建设的区域,要充分和相关部门核实协调,确定项目区土地利用现状、有无项目区重叠情况等,确保项目区选址合规;同时要求项目区选择优先在基本农田、粮食功能区、主导产业集中区域,并收集分析水资源和水利措施现状及承载能力可行性等基础资料,根据拟建项目区水源现状开发建设高标准农田。

旱作高标准农田建设,通过平田整地、建设水平梯田、整修地埂、种植生物埂或田间林网、整修田间路、加厚土层等措施,提升土壤蓄水保肥能力,改善农业生产条件,提高农田抗灾减灾能力;采取秸秆还田、增施有机肥、应用长效缓释肥、种植绿肥等土壤培肥方式,增加土壤有机质,提升耕地地力等级;充分评估农业生产现状,实现农业资源利用最大化的方式,在保障粮食生产的前提下,探索尝试种植结构优化调整,提高土地收益,促进农民增收。

二、限制和禁止区域

限制区域包括:水资源贫乏区域;水土流失易发区、沙化严重区等生态脆弱区域;历史遗留的挖损、塌陷、压占等造成土地严重损毁且难以恢复的区域;土壤轻度污染的区域;易受自然灾害损毁的区域;内陆滩涂等区域。在上述区域开展的高标准农田建设需提供相关部门论证同意的证明材料。

在上述限制区域开展高标准农田建设需提供自然资源、水利、生态环境等部门论证同意的证明材料。

禁止区域包括:地面坡度大于25°的区域;土壤污染严重的区域;自然保护区的核心区和缓冲区;退耕还林还草地区;河流、湖泊、水库水面及其保护范围等区域;历史文物古迹(包含潜力研究待开发区域)。

三、立项选址程序及必要性论证

(一)合理选择项目区域

申报单位按照立项选址原则选定实施高标准农田和高效节水灌溉建设的区域,要充分和相关部门核实协调,提供项目区土地利用现状资料,理清项目区土地利用现状及影响农业生产的制约因素,有无项目区重叠等情况,要做到定乡(镇)、定村庄、定地块;并收集工程原始资料(例如:机井及配套管网、渠道、道路、林网、农电配套情况,管道、桥涵、泵站实地踏勘情况,理清原建设标准和现状水平、水资源状况、存在的主要问题、原有各项设计参数、勘测定位等),对水资源、水利措施现状及承载能力可行性进行基础分析,科学拟定项目区水资源建设利用指标,确保项目区选址科学、合理、合规。

(二)充分征求群众意见

申报单位对项目涉及村庄,要实时公示,接受群众监督,特别是工程占地、土地平整、管灌铺设、林网设计、农机农艺、田间道路拓宽修建及田地附着物清除等事项,要通过村组一事一议,形成会议纪要,签字确认。及时了解项目区现状和农民群众意愿,特别是农民群众反映强烈、亟须解决的问题,在不突破一事一议限定额度标准的前提下,积极鼓励和引导受益农民(或农村集体经济组织)筹资投劳进行完善。坚决防止出现设计完成后因群众不同意建设内容或群众要求调整建设内容等导致无法开工建设的问题。

(三)确定建设内容和形式

申报单位对项目区要以村为单元分片、分区域,按照因地制宜、区域特征、立地条件、以水定地的原则,对照《高标准农田建设 通则》(GB/T 30600—2014)及其他相关规定,明确建设内容和形式,形成建设方案,满足地力等级提升、建设效益评估、上图入库等要求,实现高标准农田建成后农作物高产稳产的目标,作为采购设计单位踏勘和初设招标的可行性基础文本。

四、项目申报程序

勘测设计单位应通过招标投标确定,高质量、高标准、高效率地完成勘测和初步设计报告的编制工作,并向初步设计评审单位提供以下材料:

(1)具有符合要求资质的勘察勘测单位提供的规范的初步设计外业勘测报告。

(2)规范的初步设计报告。包括:初步设计文本、初步设计图纸、初步设计预算。

(3)合规性材料附件(单独装订成册)。包括:申报单位正式上报文件;县级政府出具的项目建设与限定限制年限年度不重复、与其他部门建设内容不重叠的承诺证明;县级自然资源部门出具的项目选址符合国土利用规划、土地利用现状、基本农田面积确认、允许2 m以上沟渠路坎等占地许可、建成后地类变更认定意见;县级生态环境部门出具的农业建设项目环保影响备案材料;县级水务部门或行政审批部门出具的有效水资源供水意见和取水许可证明(要定位、定设施);文旅部门或行政审批部门出具的报备材料;以行政村为单位的高标准农田建设内容明细一事一议文书(有公示痕迹),涉及占地调整的须有村、组、农户三方确认协议;勘测和设计单位资质及承担业务范围证书;为本项目提供设计服务的设计人员的从事专业、工作简历、高标准农田设计相关业绩等基本情况,价格信息来源复印件;进入预算的主要和次要材料单价(包括有机肥、设备、数字化建设)、单价信息来源、询价资料、市场调查资料等,预算造价资料可以独立成册。

第二节 外业勘测

一、高标准农田建设测绘要求

(一)概念

(1)现状图:是反映项目区地形、土地利用现状及基础设施现状的图件,包含两个图,一个是土地利用现状图(自然资源部门提供的最新版本),另一个是地形图(测绘单位实测的地形图)。

(2)现状测绘:是指在高标准农田建设项目实施前,以土地利用现状图和地形图为基础,对拟建设区域内的土地利用、地形现状等以实测比例尺或土地利用现状图的比例尺为依据绘制的图件。

(二)一般规定

1. 坐标系统

现状图平面坐标系统采用2000国家大地坐标系;高程系统采用1985国家高程基准;投影方式采用高斯-克吕格投影;宜按3°分带,对比例尺大于1:2 000的图件宜按1.5°分带,用当地的中央子午线。

2. 比例尺

制图采用的实测地形图测绘精度不低于1:2 000。根据项目规模和地形地貌,项目现状图采用1:1 000~1:5 000的比例尺(丘陵不低于1:2 000,平原不低于1:5 000),规划图比例尺应与现状图保持一致。

3. 图纸幅面

现状图、规划图的图纸幅面原则上应符合表3-1的规定。

表3-1 图纸基本幅面及图廓尺寸

幅面代号	A0	A1	A2	A3
$B \times L$(图廓尺寸)(mm×mm)	841×1 189	594×841	420×594	297×420

现状图、规划图的图幅选择可根据建设规模确定,以内容完整表达、便于阅读为准,必要时允许采用加长、加宽幅面,应以村为单元进行绘制。

项目设计图纸图幅应结合项目整体规模选择幅面,主要考虑面积、范围形状,选择A3或A2为主幅面(单体工程设计图纸与之统一),不采用A0幅面。有两种以上图幅的应按照A3或A2主幅面与设计报告一起装订,也可单独成册。

4. 图面配置

1) 图样

外图廓用粗实线绘制,内图廓用细实线绘制。图的左下角,图廓线外应标注该图所采用的高程基准、等高距、坐标系等。

2) 标题栏

标题栏应放在图纸右下角;标题栏的外框线为粗实线,分格线为细实线;标题栏中的现状图图名、竣工图图名的单位名称用黑体表示,其他用仿宋体表示;标题栏尺寸单位为 mm。

3) 图廓整饰

图上每隔 10 cm 绘制一直角坐标网线交叉点。两图廓间靠近图廓角和整百千米数的坐标线,应注出完整的千米数。

4) 指北针

指北针宜绘制在图的右上角,受风力风向影响较大地区应采用 16 方向风向玫瑰图(见图 3-1),其他地区可采用指北针式样绘制(见图 3-2)。

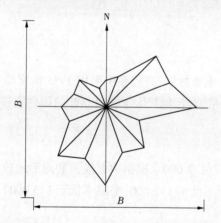

图 3-1　16 方向风向玫瑰图　　　　　　图 3-2　指北针

5) 辅助图表

辅助图表包括地理位置图、图例,现状图、规划图中的辅助表等。图例宜排列在图的左下角,其他辅助图表可根据图面情况安排在适当位置。

6) 注记

现状图和规划图的注记应按照《第二次全国土地调查技术规程》(TD/T 1014—2007)的规定标注。

(三) 外业测绘要求

(1) 控制测量:采用全球定位系统(GNSS 定位)或导线测量并至少要有 1 个起算检核点。布设控制网须制订技术设计方案或编写技术设计书,并充分收集和利用测区现有控制成果资料。在高标准农田建设项目区附近(不超过 1 km)或内部必须埋设 3 个以上等级控制点或图根控制点的永久性标志或标石。

(2) 碎部测量:应按照《第二次全国土地调查技术规程》(TD/T 1014—2007)的规定

详细测绘控制点、地类、行政界线、权属界线及地形等各类要素。

(四)内业测绘要求

(1)高标准农田建设项目现状图以土地利用现状图和地形图为基础,并以实测比例尺或土地利用现状图的比例尺为依据进行绘制。

(2)制图要素:①地貌要素;②土地利用现状;③基础设施现状;④注记要素;⑤图幅整饰。

(五)技术设计、总结的编写

1.技术设计书的编写

(1)任务来源及工作量。

(2)测区概况。

(3)布网方案。

(4)选点与埋标。

(5)观测。

(6)数据处理。

(7)完成任务的措施。

2.技术总结报告的编写

(1)测区范围及位置,自然地理条件等情况。

(2)任务来源,项目名称,测区已有测量成果情况,本次施测的目的及基本精度要求。

(3)施测单位,施测起讫时间,技术依据,作业人员的数量及技术状况。

(4)作业仪器的类型、精度、检验及使用情况。

(5)选点埋石及重合点情况。

(6)观测方法、各级点数量、补测与重测情况以及野外作业中发生和存在的问题说明。

(7)野外数据检核,起算数据情况;数据后处理内容、方法及软件情况。

(8)工作量、工日及定额计算。

(9)方案实施与规范执行情况。

(10)上交成果尚存问题和需要说明的其他问题。

(11)各种附表与附图。

(六)提交资料

(1)高标准农田建设项目现状地形图测绘合同。

(2)高标准农田建设项目现状地形图测绘技术设计书。

(3)高标准农田建设项目现状地形图测绘总结报告。

(4)高标准农田建设项目现状地形图。

(5)高标准农田建设项目土地利用现状图。

(6)高标准农田建设项目控制点坐标表、点之记。

二、高标准农田建设项目规划制图要求

高标准农田建设项目规划制图要求按照国家有关规定、规范执行。

(一)图纸要求

1. 图幅要求

A3 幅面,折叠与设计报告一起装订成 A4 大小。个别不能采用 A3 幅面的图纸(如项目区现状图、规划图等不规则图幅),应依据实际图幅大小情况,合理协调地确定图幅尺寸。

2. 签署要求

全部图纸均要有图签,标明设计单位并加盖设计单位出图章或公章,签署设计、校核、审定等人员签名。对套用的定型图集,应转化成自己的图纸,说明、图签、签名等与设计一致。

3. 底图选择

项目区现状图应以自然资源部门最新的土地利用现状图等为底图;规划布置图应以实测地形图等为底图;涉及土地整治工程的需附田块布置图,应由有资质的测绘单位现场测绘,根据实际需要出图比例应为 1:2 000。

4. 图纸内容

以下为必需的附图及其内容,是否需要其他附图,各项目区根据需要确定。

(1)项目区地理位置示意图。用比较明亮的颜色标明整个灌区范围和项目区范围的地理位置,同时要标明主要河流、水库(浅蓝色)、道路、城镇、村庄等位置及名称。

(2)项目区现状图。包含两个图:一个是土地利用现状图(自然资源部门提供的最新版本);另一个是地形图(测绘单位实测的地形图)。标明项目区现有的田间灌排渠系、主要灌溉排水建筑物、道路、林网等。

(3)项目区规划图。以实测的地形图为底图,标明规划治理的灌排渠系布置、田间道路布置、主要灌排建筑物布置等,比例适当,图面清晰,并采用不同颜色明确区分。同时图中附项目区分村现状工程设施完好情况及存在的问题,或规划后的分村建设工程内容及数量,应列表标明,并有图纸说明。

(4)单项工程设计图。应包括各单项工程建筑的相关设计结构图纸,达到施工深度。

(二)绘图要求

一般规定:以版面整洁、布局合理、美观为原则。按规定图式、图例绘制。

1. 项目现状图

高标准农田建设项目现状图指能够反映项目区现状地形、地物和土地利用状况、农业基础设施现状的图纸。

(1)绘图比例尺应以能够准确反映现状并满足工程设计精度要求为原则,测绘比例尺按照表3-2规定数值选择,并应优先选择常用比例。

表 3-2　绘图比例尺

	1:1			
常用比例	$1:10^n$	$1:2×10^n$	$1:5×10^n$	
	2:1	5:1	$(10×n):1$	
可用比例	$1:1.5×10^n$	$1:2.5×10^n$	$1:3×10^n$	$1:4×10^n$
	2.5:1	4:1		

（2）现状图测绘要素：测绘项目区内各种地形地貌；调查测绘项目区内沟渠走向、宽度、水深、堤顶高程、机耕路宽度、路面材料；测绘项目区内水工建筑物及其他建筑物的位置；调查测绘地类界和土地所有权属界线；测绘项目区外必要的水系、机耕路等内容，以反映与区内的相互联系；对项目区内的塘、坝、库等水源工程需要进行详细的测绘；拟建塘、坝、库等工程选址处要加密测点或测量大比例尺地形图；测绘涉及拆迁的居民点、建筑物的位置、面积。调查标注项目区的电力线路及附近变电站；其他。

（3）现状图绘图要求：图例绘制清晰，色调协调，地物界线明显，图例及色标按有关规定执行；较为重要的机耕路、灌排沟渠等线性地物应按比例尺绘制；机耕路、灌排沟渠等级及结构形式宜进行标注；项目区内的建筑物（如水工建筑物）应标注于图纸上；项目区内权属界线应标注清楚，按具体的土地所有权属主体标准；排水涉及沟道、湖泊、外河等，需要标注堤顶高程、水位等；区外道路应有与区内连接段；河流、坑塘、湖泊等水系应标示清晰；水源涉及塘、坝、水库等，需要标注该蓄水工程的特征水位，如堤顶高程、溢洪水位、灌溉渠首水位等；涉及居民点拆迁工程的，应对需要拆迁的建筑物进行标注；不涉及拆迁的建筑物，只绘制其范围界线即可；项目区电力线路要区分高低压线路并注明电压等级，根据调查注明项目区附近的可利用变电站；必须标注土地利用变更日期和绘制土地利用结构表（按新三级地类统计并具体到土地所有权属主体）；图幅整饰包括图名、图例、坐标系统、指北针、编制单位、比例尺、制图日期等内容。

2. 项目规划图

高标准农田建设项目规划图指反映规划后项目区土地利用布局和工程布局的图纸。

（1）图样比例尺按照表 3-2 规定的数值选择，一般应与现状图对应。

（2）规划图绘制要素。

规划图要反映原始地形、地物及土地利用状况。规划图要绘制反映规划后土地利用的地物符号或以色标标示土地分类。必须绘制能够反映治理前后土地利用变化的面积统计表。要清晰标识出原有工程及改（扩）建工程设施。项目区田块要编号，平原区进行土地治理的田块宜标注设计高程。清晰标识机耕路、渠道（流向）、排水沟（流向）、防护林、机井、农桥、闸、涵、电力线路、跌水及其他有关建（构）筑物的位置。标示项目区外附近的重要地物，如机耕路、干渠、河流、排水承泄区等，反映与区内相应工程的联系。图幅整饰要齐全，布局要协调美观。

（3）规划图绘制要求。

规划图必须以现状图为底图绘制。按工程类别不同，用不同的方法标示。如建筑物（水工建筑物等）以汉字注明其名称。

清晰标示道路、渠道（流向）、排水沟（流向）、防护林、机井、农桥、闸、涵、电力线路、跌水及其他有关建（构）筑物的位置。

规划图上的工程编号遵循如下规定：

①以汉字标示为主。

②道路编号：田间机耕路 1、2、…，按自上至下、自左至右顺序。

③渠道编号：因支渠及斗渠数量少，可顺序编号，农渠依上级渠道编号。

④排水沟编号规则与渠道相同，支沟、斗沟顺序编号，农沟依下级沟道编号。

⑤建筑物编号原则上以顺序标号为主,但应以该建筑物的专业称呼加数字构成编号。如机井、涵洞、农桥、水闸(进水闸、节制闸等)、泵站、蓄水池、渡槽、倒虹吸、陡坡、跌水等。图幅内按自上至下、自左至右顺序编排。

⑥与区外相关工程的连接可用文字、箭头及规定线型标示。

⑦各种注记一般为正向,字头朝向北轮廓,沟渠、道路管道、河流沿走向标注。

⑧图幅整饰包括图名、图例、坐标系统、指北针、编制单位、比例尺、制图日期等内容。图名统一规定为:××××项目规划图,宜放在图框线外,字体为黑体,字号根据图纸大小而定。图纸左下角,图框线外应标注该幅图纸所采用的高程系和坐标系。

3. 工程设计图

工程设计图包括主要单项工程建筑物结构图(剖面图和配筋图)、沟渠机耕路断面图、典型田块设计图及其他辅助图纸等。

工程设计图绘制应满足相关标准的规定。工程设计图宜采用 A3 图幅,图式按下文规定执行。设计图纸标注应齐全,并标注每类单体建筑物应有工程量和用材量表。设计图纸应能够精确标示建筑物结构尺寸和建筑材料,要求有平面、立面和剖面图。钢筋混凝土结构应有配筋图。项目区内主要沟、渠、机耕路、管路应绘制纵断面图,标注起点、终点、延程桩号,拐点位置标注加密桩号。各建筑物设计图纸要有设计标准说明,必要时要注明施工注意事项。工程设计图样中(A3 幅面),说明及注释应采用仿宋体,宜放置在图纸的左下方或标题栏上方。说明及注释应编序号,采用数字形式,左对齐。图纸单位应采用 m 或 mm,一般高程、桩号采用 m 为单位,钢筋、管径采用 mm 为单位,建筑物结构尺寸采用 cm 为单位。

(三)图式

图式包括通用图式和综合图式两种类型。通用图式包括图纸幅面、标题栏、比例和字体。综合图式包括高标准农田建设项目现状图和规划图。

(四)图例

图例分为通用图例和综合图例。通用图例除应符合本标准规定外,还应符合相应《国家基本比例尺地图图式 第 1 部分:1:500　1:1 000　1:2 000 地形图图式》(GB/T 20257.1—2017)要求。图例应按照《山西省农发项目图集》中规定的图例执行,也可按照下列图例执行。

图例符号及图例栏应符合下列要求:①综合图样中应根据规定的图例式样标注必需的图例符号;②图例栏宜放置在图样的右下角标题栏上方,大小根据图幅而定,以能清楚反映图例为准。

1. 通用图例

通用图例包括境界、水系及附属建筑物等图例。境界图例中的国界、省(自治区、直辖市)界、地区(自治州、地级市)界、县(自治县、旗、县级市)界、乡(镇、农场、林场、牧场)界,应按《国家基本比例尺地图图式 第 1 部分:1:500　1:1 000　1:2 000 地形图图式》(GB/T 20257.1—2017)中的规定绘制。

2. 综合图例

综合图例包括高标准农田建设项目规划图图例、土地利用图例和工程平面图例等。

主要适用于高标准农田建设项目现状图、规划图等综合图的图例。其他单项工程设计图需要时也可选择采用。

3. 注意要求

高标准农田建设项目规划图例应按规定(备注栏备注线宽,单位为 mm)绘制,还应该注意以下要求:

(1)为便于区分改建、新建和保留利用原有工程,规划图可用颜色和标识予以区分。

(2)图例中符号线宽与图中同符号的线宽一致,特殊情况也可根据图幅及比例进行调整,但以线条清晰为原则。高标准农田建设项目单项工程措施图例包括高标准农田建设项目工程平面布置图例和建筑材料图例。

第三节　初步设计编制

一、确定勘测设计单位

申报单位确定的勘测设计单位要具备以下三个条件:一是勘测设计单位资质和拟定项目区的建设内容及规模相匹配;二是勘测设计单位提供近三年从事高标准农田建设、农业综合开发、土地整理等相关项目设计的业绩(至少有 2 个以上业绩);三是承担项目勘测设计人员力量配备到位,要有具备水利、农业、林业、道路、机电、建筑工程、测绘、预算造价等相关资质人员参与,相关人员从业要求至少参与已建或在建 3 个以上相关项目,或者有三年以上工作经历。

项目勘测设计单位要严格按照工程建设内容要求,高质量、高标准、高效率地完成初步设计报告编制工作。如因设计原因影响工程建设进度或受到上级批评,将被拉入黑名单,三年之内不得任用。

申报单位要配合做好初步设计前期准备工作(包括现状图、不重复建设证明、取水许可、环保备案、文旅备案、规划与自然资源部门证明、一事一议会议纪要、项目区农户清册等)。

申报单位组织启动项目招标代理机构和勘测设计单位政府采购程序,按程序组织招标投标、签订勘测设计合同,并将勘测设计合同一式二份报市局备案。

二、初步设计编制要求

高标准农田建设项目初步设计实行一站式设计,编制初步设计报告、预算、图纸,必须达到施工图深度,要满足达到编制招标工程量清单和满足施工要求的深度标准。初步设计应围绕项目区建设实际情况,以村为单元,要具体明确每一个村的各项工程实施内容。

三、初步设计编制格式

初步设计文本、预算、图纸的格式要符合《山西省农业农村厅关于进一步做好高标准农田建设项目有关工作的通知》(晋农建发〔2019〕8 号)附件中山西省高标准农田建设初步设计大纲、山西省高标准农田建设预算文件组成、山西省高标准农田建设项目设计图纸等要求。

四、初步设计报告编制的基本要素

说明建设项目的计划来源、资金来源、项目任务、项目规模、项目效益等指标，说明项目建设地点，明确项目区所在的县、乡、村或耕地使用权属单位，说明项目区拐点经纬度坐标，图纸要按照上图入库要求绘制。

查明项目区田间工程、道路林网、水利设施、田块走向、土层分布、土壤养分、种植结构等土地利用现状。

确定建设规模、新增土壤改良面积、高标准农田面积、节水面积、基本农田面积、粮食功能区面积等基本指标。

复核或确定主要建设工程的等级和设计标准、合理确定项目规划和布局方案，针对瓶颈问题提出解决方案并确定具体工程建设内容。

复核或查明项目区土壤特性，水文气象条件和地质条件、水资源可采量、水资源现状利用量、供水能力，设计水平年水资源用水量、供水能力。

按照工程建设内容确定土地平整、土壤改良、灌溉与排水、田间道路、农田防护和环境生态保护林网、农田输配电的工程总体布置，以及各主要单项建设工程的技术参数，主要建筑物的轴线、线路、结构形式和布置、结构尺寸、高程和工程数量等。

确定高标准农田工程建设前后耕地质量等级提升评价实施主体、测评办法、评价指标开展综合评价，确保工程按预期目标建成。

确定项目各项工程措施施工方案和工程管理方案，确定主体工程的施工方案，选定主体工程的主要施工方法和施工总布置，确定控制性工期和进度安排。

以村为单元编制项目建设内容、工程量清单和投资概预算。

确定项目建设组织管理机构，工程建设完工后固定资产移交主体、清单和管护办法。

明确社会生态和经济效益，复核经济效益，并用国民经济评价(不进行财务评价)分析主要经济评价指标、预期效益指标，评价工程的经济合理性。

第四节　土地平整工程

一、概念

土地平整工程的目的：一是提高田块平整度，改善农田灌排条件和提升农业机械化程度；二是提高水肥利用效率和灌水均匀度，促进农作物生长及防止水土流失，便于经营管理；三是优化土地利用结构，提高耕地质量，增加高标准农田面积，促进土地集约利用。

土地平整工程包括耕作田块修筑工程和耕作层地力保持工程。田块修筑工程分为条田修筑、梯田修筑，主要包括：土石方工程、田埂(坎)修筑工程。耕作层地力保持工程包括表土剥离与回填、客土改良、加厚土层。

二、规划设计要求

土地平整工程规划设计应先对田块进行规划,初步确定土地平整区域与非平整区域,对布局不合理、零散的田块应划入土地平整区域,进行零散田块归并,全面配套沟、渠、路、林等田间基础设施和农田防护措施。

(一)设计基本原则

一是考虑土地权属调整,权属界线宜沿沟、渠、路、田坎布设;二是设计应因地制宜,并与灌溉、排水工程设计相结合;三是土地平整时应加强耕作层的保护;四是土地平整应按照就近、安全、合理的原则取土或弃土,应通过挖高填低,尽量实现田块内部土方的挖填平衡,平整土方工程量总量最小。

农田连片规模:山地丘陵区连片面积 500 亩以上,田块面积 45 亩以上;平川区连片面积 5 000 亩以上,田块面积 150 亩以上。

(二)田块修筑工程

按平整的田块类型划分为条田和梯田。

1. 条田修筑

地面坡度为 0°~5°的耕地宜修建条田,田面坡度旱作农田 1/500~1/800、灌溉农田 1/1 000~1/2 000。条田形态宜为矩形,水流方向田块长度不宜超过 200 m,条田宽度取机械作业宽度的倍数,宜为 50~100 m。

2. 梯田修筑

地面坡度为 5°~25°的坡耕地宜修建水平梯田,田面平整,并构成 1°反坡梯田,梯田化率达到 90%,旱地梯田横向坡度宜外高内低。田块规模应根据不同的地形条件、灌排条件、耕作方式等确定,梯田长边宜平行于地形等高线布置,长度宜为 100~200 m,田面宽度应便于机械作业和田间管理。

3. 田埂(坎)修筑

田埂(坎)应平行等高线或大致垂直农沟(渠)布置,应有配套工程措施进行保护,因地制宜采用植物护坎、石坎、土石混合坎等保护方式。在土质黏性较好的区域,宜采用植物护坎,植物护坎高度不宜超过 1.0 m。在易造成冲刷的土石山区,应结合石块、砾石的清理,就地取材修筑石坎,石坎高度不宜超过 2.0 m。修筑的田埂稳定牢固,石埂稳定可防御 20 年一遇暴雨,土埂稳定可防御 5~10 年一遇暴雨。

(三)耕作层地力保持工程

1. 耕作层剥离与回填

土地平整时应将耕作层剥离,剥离后的耕作层土壤集中堆放到指定区域,土地平整后应将耕作层土壤均匀回填至平整区。耕作层回填厚度不小于 25 cm。剥离耕作层土壤的回填率应不低于 80%,并使用机械或人工铺摊均匀,在坡改梯后的耕地上回填土壤,应根据水土保持要求增加竹节沟或梯田田埂设计。耕作层回填前田面必须达到设计回填耕作层底面高程。

2. 客土回填

当项目区内土层厚度和耕作土壤质量不能满足作物生长、农田灌溉排水和耕作需要时,应该采取客土回填方式消除土壤过砂、过黏、过薄等不良因素,改善土壤质地,使耕层质地成为壤土。回填作为底土的客土必须有一定的保水性,碎石和砂砾等粗颗粒含量不超过20%。通过加厚土层,使一般农田土层厚度达到100 cm以上,沟坝地、河滩地等土层厚度不少于60 cm,具备优良品种覆盖度达到100%水平的土壤基础条件。

第五节　土壤改良工程

一、概念

土壤改良工程指为改善土壤质地,减少或消除影响作物生长的障碍因素而采取的措施,包括耕作层浅薄土壤改良、砂(黏)质土壤改良、盐碱地改造、酸性土壤改良、贫瘠土壤改良和轻度污染土壤修复等。土壤改良总体目标是消除障碍因素,土壤肥沃,耕作层厚度适宜,耕性良好。

二、规划设计要求

为实现农业农村高质量转型发展,拟建高标准农田项目区应根据作物类型,达到土壤改良、提质增效的目标。"十四五"期间,高标准农田建设粮食种植区土壤改良建议采用商品有机肥(或腐熟无害化畜禽粪及农作物残体等)+深松耕作业技术模式,旱作粮食种植区域建议采用商品有机肥(或腐熟无害化畜禽粪及农作物残体等)+缓释型施肥配方+深松耕作业+年季间作物轮作的技术模式,果菜药经济作物集中区采用商品有机肥(或腐熟无害化畜禽粪及农作物残体等)+水溶肥(或功能性肥料)技术模式。

规划设计前应对项目区农田生产条件、土壤肥力状况、土壤障碍因素进行详细调查,获取农田耕作层厚度、土壤质地、土壤 pH、土壤有机质、碱解氮、有效磷、速效钾、缓效钾、重金属等影响土壤质量的主要因素和关键指标。土壤改良工程应优先采用生态、环保改良技术措施。

(一)耕作层浅薄土壤改良

通过合理耕作,耕作层厚度达25 cm以上。耕作层浅薄农田可采用深耕深翻和熟土(客土)回填进行改良。深耕深翻是指采用农机具深耕深翻土壤,深度要达到30 cm以上,结合进行增施有机肥,加速土壤熟化;熟土(客土)回填是指利用非农建设占用耕地项目剥离下来的表层耕作土壤直接加厚耕作层。

(二)砂(黏)质土壤改良

黏土、重壤土、砂土应进行土壤质地改良。

黏土、重壤土改良可采用掺砂土或者泥炭、腐熟农家肥等有机肥类。掺砂土每亩掺粒径为0.1~0.5 mm的砂土10~15 t,均匀撒于田面,用农机旋耕深度达到20 cm,使砂土与黏土混匀,或者掺泥炭、腐熟农家肥等有机肥类每亩3~4 t,深耕20 cm以上混匀。

砂土改良可采用客土掺黏土或者翻淤压砂等措施。客土掺黏土指在砂土中每亩直接掺入黏粒含量高的黏土、黏壤土、塘泥、老砖土等10~15 t,均匀撒于田面,用农机旋耕深度达到20 cm;翻淤压砂是指对表层砂土较薄、心土层有黏质土的土壤,用农机深翻,使黏质心土与表层砂土混匀。

(三)盐碱地改造

1. 工程措施改造

建立完善的排灌系统,做到灌、排分开,加强用水管理,严格控制地下水位,有条件的地方可以通过引黄河水等灌溉冲洗、修建排碱沟清淤等,不断淋洗和排除土壤中的盐分。实施平整土地,减少地面径流,提高伏雨淋盐和灌水洗盐效果,同时能防止洼地受淹,高处返盐,也是消灭盐斑的一项有效措施。

2. 农业技术改良

通过深耕、平整土地、加填客土、盖草、翻淤、盖砂、增施有机肥等措施,改善土壤成分和结构,增强土壤渗透性能,加速盐分淋洗。

3. 生物改良

通过种植和翻压绿肥牧草、秸秆还田、施用菌肥、种植耐盐植物、植树造林等措施,提高土壤肥力,改良土壤结构,并改善农田小气候,减少地表水分蒸发,抑制返盐。

4. 化学措施改良

在盐碱耕地上施用硫酸亚铁、石膏、黑矾等土壤改良剂,降低或消除土壤碱脅,改良土壤理化性质。各种措施既要注意综合使用,更要因地制宜,才能取得预期效果。硫酸亚铁一般亩施用量为 40~60 kg。

(四)贫瘠土壤改良

通过土壤培肥和改良增加土壤团粒结构,提高土壤有机质含量,耕层土壤有机质含量达到 15 g/kg 以上。低肥力土壤改良措施:施农家肥,每亩施腐熟堆肥、厩肥 1~2 t,配施尿素 5~10 kg;施商品有机肥,每亩施 300~400 kg,配施尿素 5~10 kg;实施农作物秸秆还田,每亩用量 300~400 kg 秸秆(以风干秸秆计),配施尿素 5~10 kg;秋冬季在农田种植绿肥作物。

(五)轻度污染土壤修复

1. 重金属元素轻度超标土壤修复

宜采取物理措施、化学措施、生物措施综合改良。物理措施包括:清除污染源,修建拦截工程设施等,剥离污染土壤、熟土(客土)覆盖、换土、深耕翻土等工程措施;化学措施包括:调节土壤酸碱度为中性,增施有机肥;生物措施包括:种植富集特定重金属元素的非食用作物,种植特定重金属元素低积累的农作物品种。

2. 农业面源污染土壤修复

一是控制农药使用量,应用高效诱虫灯、高效生物农药等病虫害绿色防控措施,统防统治,降低化学农药特别是除草剂用量;二是控制化肥使用量,优化施肥结构和施肥方法,合理施用生物有机肥和商品有机肥;三是控制农膜使用量,清理土壤残留农膜;四是实行种子消毒、集中育秧。

3. 农业点源污染土壤修复

应在消除或隔离污染源的情况下,采取如下综合措施:一是农田外围建设截污沟,截断养殖场粪便等污染物继续进入农田;二是适当深耕深翻,将下层土壤上翻;三是受污染水田开沟沥水,改旱作直至污染消除。

第六节　灌溉排水与输配电工程

一、灌溉排水工程设计一般规定和要求

灌溉与排水工程包括:水源工程、输配水工程及田间工程。

灌溉技术主要包括:渠灌技术、管灌技术、喷灌技术、微灌技术(含滴灌、涌泉灌、微喷灌、渗灌)。

灌溉水源应以地表水为主,地下水为辅,天然降水为补充。对地下水超采、限采区应严格执行当地水资源管理的有关规定,所有输配水设施均应安装水量计量设备。

灌排渠(管)系建筑物及管理房应配套完善,建议采用国家或省推荐的定型设计图纸,以使项目范围内各型建筑物达到形式统一、协调。

末级固定灌排渠、沟、管应结合田间道路布置,以节约用地,方便管理。末级固定灌排渠、沟、管密度及间距应符合《灌溉与排水工程设计标准》(GB 50288—2018)等有关标准、规范或规定。

灌溉排水工程施工时应根据安全保护需要,在现场设置必要的安全警示牌或警示标志。

二、灌溉设计标准及设计基准年选择

确定灌溉设计标准可采用灌溉保证率法和抗旱天数法。一般情况下,对干旱地区或水资源紧缺地区且以旱作物为主的,渠灌、管灌的灌溉设计保证率可取 50%~75%,半干旱、半湿润地区或水资源不稳定地区,渠灌、管灌的灌溉设计保证率取 70%~80%;喷灌、微灌的灌溉设计保证率可取 85%~95%。

灌溉水利用系数取值:渠道防渗输水灌溉工程,小型灌区不应低于 0.70,地下水灌区不应低于 0.80,管灌、喷灌工程不应低于 0.80,微喷灌工程不应低于 0.85,滴灌工程不应低于 0.90。

设计基准年可选择最近一年。

三、水资源供需平衡分析

项目区水资源开发利用状况及可供水量计算,包括水利工程现状供水能力(包括地表水、地下水、过境水)、新开发水源的潜力及可行性分析。

灌溉制度的拟定及需水量计算:作物种植比例应符合当地种植结构调整计划,灌溉制度应结合当地群众多年丰产灌水经验科学合理地制定,灌溉方式应结合作物种植种类及灌水特点择优确定。

灌溉用水量根据所制定的灌区灌溉制度并考虑灌溉水利用系数等进行计算。

灌区供需水平衡分析计算应以独立水源灌区为计算单元进行。供需水平衡分析后必须有明确结论,如出现不平衡时应提出相应的技术措施。

四、工程主要建设内容

渠道要说明材料、断面形式、尺寸、长度、厚度等;渠系建筑物要说明建筑物的名称、数量等;管道要说明材质、管径、长度、工作压力等;管系建筑物要说明建筑物的名称、数量等;塘坝、水池、旱井等要说明容积及配套设施;泵站要说明装机容量及其配套设施;机井要说明单井流量、眼数及配套设施等。

五、水源工程设计说明

灌溉水源主要包括:河流、水库、池塘、湖泊、机井(群)、渠道等。

机井(群)设计说明:包括现状机井深度、井孔直径、井距、井管材料、单井出水量、动水位、静水位等;所配套的水泵及输配变电设备的规格型号及容量等;各类设备新近安装的年份或年限;机井管理房,井台、井罩现状;有关部门颁发的取水许可证时间及许可取水量以及各机井存在的问题等。根据各井灌区农作物的种类、比例等,依据灌溉制度,合理确定所需的机井数量,提出需要配套的水泵及变配电设备规格型号、数量等。

水库、池塘、湖泊、水窖等设计说明:包括水库、湖泊的蓄水容积及水窖、池塘的集水面积、蓄水容积及结构状况;水库、池塘、湖泊、水窖每年或作物生育期内各阶段的蓄水情况;其所配套的建筑物的形式、数量、规模等;并结合工程现状,根据工程需要提出需要新建或改造的建筑物。

河流、渠道水源工程说明:包括每年或作物生育期内各阶段河流、渠道的来水流量、水位变化状况;取水建筑物现状及完好程度,校核取水流量能否满足设计灌溉所需水量,并提出相应的工程措施及设计方案。

泵站取水水源工程设计说明:包括泵站的建设性质、取水水源类型、设计流量、特征水位、地形扬程、机泵选型及运行工况等;所配套机电及输变电设备等情况;泵站各主要建筑物结构形式、尺寸等;已建泵站存在问题及所需改造的内容等。

六、输水工程设计说明

输水工程主要包括:输水渠、管以及所配套建筑物等。说明输水工程的建设性质、现状输水形式、结构尺寸、流量、长度及存在问题等,根据设计流量复核已建工程的过流能力,提出是否需改造的理由及有关改造内容。

七、灌区工程设计说明

灌区工程主要包括:各级配水渠、管以及所配套的建筑物等。说明灌区工程的建设性质,灌区现状及存在问题等,根据设计流量复核已建工程的过流能力,提出是否需要改造的理由及有关改造内容;针对不同作物所选用的节水灌溉技术,并进行分类设计计算等。

灌区工程要说明工程采用的灌溉方式及总体布局,着重阐述清楚水源类型、输水形式以及采用的灌溉技术和田间工程布置、控制灌溉面积等。

喷灌工程确定总体布置、喷头选型、布置间距、设计流量、工作制度、运行方式、管网布置,设计流量、干支管水力计算及管径、水泵选型、主要建筑物形式等。

微灌工程确定灌水器选型、灌水器布置、工作制度、运行方式、系统布置、毛管设计、干支管水力计算及管径、首部枢纽设计、主要建筑物形式等。

低压管道输水灌溉确定出水口间距、灌水周期、设计流量、田块规格、管网布局、干支管水力计算及管径、主要建筑物形式等。

机井改造工程原则上要建立机井控制保护+智能灌溉控制模式,实现机井远程启停计量、信息自动生成、数据物联传输共享。

高效节水项目的喷灌、微灌工程以及核心示范区工程,原则上要建成水肥一体化自动控制装置,实现水、肥、药智能控制运行监测,实现区域集成物联网云平台,自动采集分析各种信息数据,适时进行运行控制调节。

八、软体集雨水窖新型材料应用

软体集雨水窖是采用一种高分子"合金"织物增强柔性复合材料制成的,具有抗撕裂、抗拉伸强度高,牢度好,阻燃、耐酸碱盐稳定性高,高温不软化、低温不硬脆,耐候强,对环境无污染,经济环保等优点。与传统集雨水窖(池)相比,具有强度高、寿命长、密封好、不渗漏、耐高温严寒、安装简便、经济环保等优点,软体集雨水窖成本很低,安装简便。

软体集雨水窖主要用于集雨及调节水量,以缓解北方缺水地区水资源紧缺状况,同时,还可作为小面积灌区的水量调节设施之用。软体集雨水窖的安装可参考全国农技中心节水处"高效节水技术示范项目指导意见"中的有关规定进行。

九、农田输配电工程

农田输配电工程主要为泵站、机井、农机作业以及信息化工程等提供电力保障,包括输电线路、变压器、配电箱等。对于农村机井通电改造工程已经完成的项目区,输配电工程主要指变压器(不含)以后到机井或泵站的线路及配电设施部分。机井或小型泵站输配电是指 10 kV 以下的线路及变配电设施,主要进行输配电线路负荷计算,确定输配电线路规格、型号、导线截面面积等。根据泵站、机井、农机等所配电机功率,计算确定用电设备容量,计算用电负荷,确定变压器容量,确定电气主接线和主要电气设备的规格型号等,必要时与供电部门沟通后确定。

第七节　田间道路与农田防护林工程

一、田间道路工程

高标准农田建设项目田间道路包括田间道(机耕路)和生产路,其中田间道按主要功能和使用特点分为田间主道和田间次道。田间道路设计应根据确定的道路等级、通行荷载、限行速度等指标进行计算设计。田间道路应尽量在原有基础上修建,应与第二次全国土地调查数据库或实施后的第三次全国土地调查数据库比对核实,尽量少占用耕地、不能形成新占基本农田。在当地村民需求强烈且确需建设混凝土路面的地方,允许建设适量混凝土路面,但田间道路建设的财政资金投入比例原则上以县为单位,不得超过财政总投入的 40%。

(一)功能

田间主道指项目区内连接村庄与田块,供农业机械、农用物资和农产品运输通行的道路。田间次道指连接生产路与田间主道的道路。生产路指项目区内连接田块与田块、田块与田间道,为田间作业服务的道路。

(二)布置

(1)田间主道应充分利用项目区内地形地貌条件,从方便农业生产与生活、有利于机械化耕作和节省道路占地等方面综合考虑,因地制宜,改善项目区内的交通和生产生活环境。

(2)田间主道、田间次道宜沿斗渠(沟)一侧布置,路面高程不低于堤顶高程。

(3)田间道路布置应满足农田林网建设的要求。

(4)项目区内各级道路应做好内外衔接,统一协调规划,使各级田间道路形成系统网络。

(5)对于山地丘陵区,田间道路布置还应尽量依地形、地貌变化,沿沟边或沟底布置,以减少新建田间道路的开挖或回填土方。

(6)平面设计的道路平曲线主要指标见表 3-3。

表 3-3 道路平曲线主要技术指标

道路等级	田间主道		田间次道	
地形	平原区	丘陵山地区	平原区	丘陵山地区
行车速度(km/h)	40	20	30	15
一般最小圆曲线半径(m)	100	30	60	20

(三)田间道路工程设计

1.路面设计

1)建设指标

田间道路路面宽度、路基宽度等建设指标详见表 3-4。

表 3-4 田间道路建设指标

工程类型	路面宽度(m)	路肩宽度(m)	路基宽度(m)	边坡比	限载重量(t)	设计年限(年)
田间主道	4~5	0.5	5~6	—	≤6	≥15
田间次道	3~4	0.5	4~5	1:1.5	≤4	≥10
生产路	1~2	—	2~2.5	—	—	—

2)路面结构与材质

田间道路面结构一般设为两层:面层和基层。田间主道路面宜采用混凝土路面或沥青碎石路面;田间次道路面宜采用砂石路面或泥结石路面。路面基层材料宜采用水泥稳定碎石、二灰碎石等半刚性材料,也可采用水泥稳定粒料(土)、石灰粉煤灰稳定土、石灰稳定粒料(土)、填隙碎石或其他适宜的当地材料铺筑。路面应高出地面 0.3 m 以上。碎石、砾石等砾料路面路拱坡度一般采用 2.5%~3.5%。不同材料类型的田间道路面面层和基层厚度不应低于表 3-5 规定。

表 3-5 不同材料类型的田间道路面面层和基层厚度指标

工程类型	田间主道		田间次道
路面类型	水泥混凝土路面	沥青碎石路面	砂石或泥结石路面
面层厚度(cm)	≥16	≥5	≥15
基层厚度(cm)	≥15	≥15	≥15

2.路基设计

(1)路基工程应具有足够的强度、稳定性和耐久性。

(2)路基设计应从地基处理、路基填料选择、路基强度与稳定性、防护工程、排水系统以及关键部位路基施工技术等方面进行综合设计。

(3)路基应采用水稳定性好的材料,严禁用种植土、表土、杂草或淤泥等材料填筑。浸水部分的路基,宜采用渗水性较好的土、石填筑,如碎石、砾石、片石等。填筑材料的粒径和压实度应满足表 3-6 中的规定。

表 3-6 填筑材料的粒径和压实度

结构类型	最大粒径(cm)	压实度(%)
路堤	15	≥90
路床	10	≥90
路堑路床	10	≥90

(4)一般路基、沿河路堤的挡墙宜采用浆砌石砌筑,同时应与路旁的沟渠衬砌结合起来修筑,堤或墙顶高度不应小于 30 cm,高度不小于 50 cm。

(5)对土质松软的路基应采用三合土或石灰土回填并压实。

(6)路基的护肩尽量就地取材:培土路肩+自然草皮+人工打草,局部陡坡及冲刷路段可采用硬化路肩。

(7)路基工程的石材强度等级不应低于 MU30,混凝土强度等级不低于 C20,砌筑砂浆应采用强度等级不低于 M7.5 的水泥砂浆。

(8)一般路段,路肩边缘应高出路基两侧田面 0.15 m 以上。

3.纵断面设计

(1)纵断面应坡度平缓,起伏均匀,宜与农田纵坡一致。

(2)田间道最大纵坡度值:平原地区不宜大于 6%;丘陵地区不宜大于 10%。最小纵坡度值应满足(雨、雪)排水要求,宜取 0.3%~0.4%,多雨地区宜取 0.4%~0.5%。

(3)田间主道纵坡连续大于 5%,坡长应不大于 500 m。否则,必须在限制坡长处设置缓和坡段。缓和坡段的坡度不应大于 3%,长度不应小于 100 m。受地形条件限制时,田间主道的缓和坡段长度不应小于 80 m。

(4)田间次道纵坡连续大于 5%,坡长应不大于 300 m。否则,必须在限制坡长处设置缓和坡段。缓和坡段的坡度不应大于3%,长度不应小于100 m。受地形条件限制时,田间次道的缓和坡段长度不应小于50 m。

(四)生产路工程设计

(1)生产路宽度:应考虑通行小型农机具的要求,宽度宜为2.0~2.5 m。

(2)生产路路基:可采用天然土路基。

(3)生产路路面:宜采用素土夯实,对一些有特殊要求的地方,可采用泥结石、碎石等。素土路面土质应具有一定的黏性和满足设计要求的强度,压实系数不宜低于0.95。采用泥结石面层时,厚度宜为8~15 cm,骨料强度不应低于MU30。

(4)生产路路面:应高出田面0.15 m。

(5)生产路纵坡:与农田纵坡基本一致,生产路可不设路肩。

二、农田防护林工程

农田防护林工程是指将一定宽度、结构、走向、间距的林带栽植在农田田块四周,通过林带对气流、温度、水分、土壤等环境因子的影响,来改善农田小气候,减轻和防御各种农业自然灾害,创造有利于农作物生长发育的环境,以保证农业生产稳产、高产,并能对人民生活提供多种效益的一种人工林。

(一)防护林类型

防护林按功能分为:农田防风林、梯田埂坎防护林、护路护沟(渠)林、护岸林。其中,农田防风林应由主林带和副林带组成,必要时设置辅助林,无风害地区不宜设农田防风林。

(二)设计原则

农田防护林工程应因害设防,全面规划,综合治理,与田、沟、渠、路等工程相结合,统筹布设。

(三)技术措施

(1)对受风沙影响严重的区域,新建或完善防护林带(网)。

(2)对坡面较长、易造成水土流失的坡耕地及沟坝地、沟川地等,采取工程措施,包括修筑梯田或土埂,修建截流沟、排水沟、排洪渠、护地坝等,并增加集雨设施,引导并收集坡面径流进入蓄水池(井);同时辅以生物措施,种植防护效益兼具经济效益好的灌木或草本植物,形成保持水土的良好植被。

(3)对盐渍化区域,完善林网建设,改善田间小气候,减少地面蒸发,减轻土壤返盐。

(四)树种选择

树种的选择要以农田防护为目的,适地适树,不得栽植高档名贵花木。应以乡土树种为主,适当引进外来优良树种,兼顾防护、用材、经济、美化和观赏等方面的要求,同时符合下列要求:

(1)主根应深,树冠应窄,树干通直,并应速生。

(2)抗逆性强。

(3)混交树种种间共生关系好、和谐稳定。

(4)与农作物协调共生关系好,不应有相同的病虫害或是其中间寄主。

（5）灌木树种应根系发达，保持水土、改良土壤能力强。

北方地区常用的优良防护树种，乔木及小乔木树种有：国槐、速生楸、白蜡、旱柳、椿树、银杏、柿树、刺槐、栾树、木槿、红叶李、女贞等；灌木树种有：紫穗槐、荆条、连翘、榆叶梅等。

（五）苗木质量及规格

苗木质量符合《主要造林树种苗木质量分级》（GB 6000—1999）规定的Ⅰ、Ⅱ级标准，其中乔木树种要求胸径 6 cm 以上，枝下高 3 m 以上，全冠；小乔木要求地径 5 cm 以上，枝下高 1 m 以上，全冠。

（六）栽植模式

应采用两个及以上树种混交栽植，纯林比例不应超过 70%，单一主栽树种株数或面积不应超过 70%。林带的株行距应满足所选树种生物学特性及防风要求。梯田埂坎防护林树种宜选择灌木树种。护路护沟（渠）林宜栽植于路和斗沟（渠）两侧，单侧栽植时宜栽植在沟、渠、路的南侧或西侧，树种宜乔、灌结合。丘陵区沟头、沟尾宜营造乔灌草结合的防护林带。

（七）主要指标

一般受防护的农田面积占建设区面积的比例不低于 90%，农田防护林网面积达到 3%~8%。所造林网中的林木当年成活率要达到 95% 以上，三年后保存率要达到 90% 以上。

第八节　科技创新

高标准农田建设科技创新服务主要是提高农业科技服务能力，配置定位监测设备，建立耕地质量监测、土壤墒情监测和虫情监测站（点），加强灌溉试验站网建设，开展农业科技示范，大力推进良种良法、水肥一体化和科学施肥等农业科技应用，加快新型农机装备的示范推广。

一、高标准农田土壤墒情自动监测网络

为了加大高标准农田建设区域土壤墒情监测力度，建立健全墒情监测网络体系，提升监测效率，提高墒情监测服务能力，以乡镇为单位安装墒情自动监测系统。每套系统包括 1 台固定式土壤墒情自动监测站和 4 个管式土壤墒情自动监测仪，监测信息可自动上传至全国土壤墒情监测系统及省级土壤墒情监测系统。技术参数参考全国农技中心节水处"旱作节水技术示范项目指导意见"。

（一）站点选择

充分考虑区域内主导作物、气候条件、灌排条件、土壤类型、生产水平等因素合理布局，监测点设立在作物集中连片、种植模式相对一致的地块，确保监测数据具有代表性。

（二）建设内容

强化土壤墒情监测，大力推进监测站（点）建设，每个示范点要求配置 1 套墒情监测设备，包括 1 台固定式土壤墒情自动监测站和 4 台管式土壤墒情自动监测仪，建立健全墒

情监测网络体系,扩大土壤墒情监测范围,充分利用现代监测和信息设备,全面提升监测效率和服务能力。

1. 固定式土壤墒情自动监测站

固定式土壤墒情自动监测站是指配备固定式土壤墒情自动监测设备,长期固定在农田某一位置,可实时进行土壤墒情数据自动采集、存储,能够定时将采集的信息自动上传到全国土壤墒情监测系统及省级土壤墒情监测系统的监测站,可以通过手机查看监测数据、在线图片等。主要包括管式土壤墒情自动监测仪、主采集器、要素分采集器和外围设备等,可实时进行数据自动采集,监测指标包括土壤含水率(不低于4层,0~20 cm、20~40 cm、40~60 cm、60~100 cm)、土壤温度(层次要求同土壤含水率)、空气温度、空气相对湿度、总辐射、风向、风速、降水量、大气压等,有条件的可增加土壤EC(电导率)值等。还需要加装图片传感器,监测作物长势、长相。固定式土壤墒情自动监测站技术参数见表3-7。

表 3-7　固定式土壤墒情自动监测站技术参数

监测指标	测量范围	分辨率	最大允许误差
土壤含水率(四层)	0~60%(体积含水率)	≤0.1%	±2.5%(室内),±5%(室外)
土壤温度(四层)	−20~80 ℃	≤0.1 ℃	±0.5 ℃
空气温度	−40~50 ℃	≤0.1 ℃	±0.3 ℃
空气相对湿度	0~100%	≤0.1%	±3%
总辐射	0~1 400 W/m²	≤5 W/m²	±1%(日累计)
风向	0°~360°	≤3°	±5°
风速	0~60 m/s	≤0.1 m/s	±(0.5+0.03×风速)m/s
降水量	0~4 mm/min	≤0.1 mm	翻斗式雨量传感器: ±0.4 mm(降雨量小于10 mm) ±4%(降雨量大于10 mm) 冲击势式雨量传感器: ±5%(日累计)
大气压	300~1 100 hPa	≤0.1 hPa	±0.5 hPa

注:技术参数是最低要求,不得低于此范围。图片传感器不得低于200万像素。

2. 管式土壤墒情自动监测仪

管式土壤墒情自动监测仪是指一体化多深度土壤墒情自动监测仪器,能够测量不同层次土壤含水率、土壤温度等因子,可实时进行土壤墒情数据自动采集、存储,能够定时将采集的信息自动上传到全国土壤墒情监测系统及省级土壤墒情监测系统的监测仪器。主要包括管式设计的土壤墒情传感器和数据采集器、外围设备等,可实时进行数据自动采集,监测指标包括土壤含水率和土壤温度等(不低于4层,0~20 cm、20~40 cm、40~60 cm、60~100 cm)。管式土壤墒情自动监测仪技术参数见表3-8。

表3-8 管式土壤墒情自动监测仪技术参数

监测指标	测量范围	分辨率	最大允许误差
土壤含水率(4层)	0~60%(体积含水率)	≤0.1%	±2.5%(室内),±5%(室外)
土壤温度(4层)	−40~80 ℃	≤0.1 ℃	±0.5 ℃

注:技术参数是最低要求,不得低于此范围。

3. 设备共性要求

(1)在气温为−30~60 ℃环境下能正常工作。

(2)机箱、电缆接头、防护罩等露天的部件外壳防护等级应达到IP65;土壤水分传感器等埋入土壤的部件外壳防护等级应达到IP68。

(3)具备太阳能供电功能且有电池过充和过放保护,在无充电情况下能正常工作15 d以上。

(4)支持手机无线移动网络数据上传(TCP/IP协议)。支持后台数据存储(12个月以上的数据量)与导出,可设置数据采集和发送时间间隔。

(5)采集的数据能自动上传到全国土壤墒情监测系统(http://www. soilmoisture. org. cn/)。出现电池亏电、太阳能亏压、设备欠费、传感器故障、信号故障等问题时能同时自动报警给全国土壤墒情监测系统和监测设备管理人员。

4. 售后服务与传输费用

厂家应免费提供设备的规范化安装。

厂家应免费提供技术培训指导,保证产品使用过程中的技术支持与指导服务。

厂家应提供5年以上质保期(包括设备正常运行、数据正确完整传输,承担5年的数据传输流量费用),终身保修。

厂家应统一进行数据校准培训,通过田间采样、实验室测量,将实测数据与监测站数据进行对比,修正监测站数据曲线,以保证自动监测点数据与实际所需数据保持一致。

厂家应与当地农技人员一同准确测定每个监测点的土壤容重、田间持水量等重要参数。

(三)建设要求

监测站点应选择安全可靠的地方,防止人为损坏监测设备。监测站占地不小于30 m²,应建设水泥基座、围栏、标牌,围栏应不小于10 m²,材质可选择围网、钢管、方管、不锈钢管等材质,标牌应标识"全国土壤墒情监测系统××省××县墒情监测站"。

二、耕地质量监测网点建设

按照"农业农村部农田建设监管平台"及山西省高标准农田质量调查监测评价工作有关规定,高标准农田建设项目区应在项目实施前后分别开展耕地质量监测评价,比较项目建设前后耕地质量变化情况,并达到预期效果和目标。布置建设耕地质量监测网点,原有耕地平川区每1 000亩、山地丘陵区每500亩设立一个点位;新增加的耕地每20亩设立一个点位。监测点位耕层每点位0~20 cm采集一个土壤样品。原有耕地经高标准农田项目建设后,耕地质量等级应较项目实施前有所提升;新增加耕地的耕地质量等级应不低于周边耕地。

项目验收前提交耕地质量等级评价报告,评价报告应包括项目基本情况、耕地质量等级评价过程与方法、评价结果及分析、建设前后耕地质量主要性状及等级变动情况、土壤培肥改良建议等章节,并附土壤检测报告、指标赋值情况和成果图件等。成果图件包括:监测点位分布图、高标准农田建设区耕地质量等级图(建设前、建设后),需附矢量化电子格式。

三、物联网监控云平台(智慧农业平台)

物联网监控云平台是农业物联网的枢纽,它是用户与安装在田地中监测设备的桥梁。所有设备将数据发送至云平台,同时被云平台控制,云平台能保证所有数据与设备同步保存。支持用户通过手机、iPad(苹果平板电脑)或电脑等智能终端,随时查看和管控。通过密码保护账户安全,实现远程控制、数据自动汇总与可视化。

物联网监控云平台以县为单元,建设集中控制中心。

第四章　初步设计评审与批复

第一节　评审工作组织

(1)根据标准规范和上级主管部门要求确定审批主体,对辖区内高标准农田建设项目进行评审、公示、批复。

(2)高标准农田建设项目评审工作,在评审单位高标准农田建设工作领导组的领导下,按照评审单位对高标准农田建设项目初步设计方案的编制要求,由专家评审组具体负责评审工作组织实施,评审工作启动后,采取集中办公工作制,专家费、会议费、踏勘费、文印费及评审期间的其他费用由送审单位承担。

(3)评审专家产生,应遵照高标准农田建设项目主管单位有关规定,如山西省按照《山西省农业农村厅办公室关于建立省级农田建设项目专家库的通知》(晋农办建函〔2019〕42号)要求,从省级农田建设项目专家库中随机抽取,原则上专家组由7名专家组成,组长1名,组员6名,负责对初步设计进行评审、复核和终审,并起草批复文本等相关工作。

(4)签订廉政服务承诺书,对已抽取的专家、工作人员签订廉政服务承诺书。

(5)评审依据:第一章规范标准和第二章政策文件。

第二节　评审工作程序

(1)初步设计评审工作分为六个阶段,分别为外业踏勘、内业评审、回签确认、平台公示、行文批复、上报备案。

(2)评审单位负责登记收发报送资料,资料的合规性、完整性须经农田建设管理部门审核确认,移交专家评审组并经专家组长签字,设计资料分发各专家预审;协调安排现场踏勘时间及专家召集;组织评审会议(会场安排、桌签、签到、汇报系统、会议记录等),召集专家组会议讨论形成评审意见,对设计单位反馈评审意见并确定修改时限,对修改设计进行二次复审和终审签字确认,形成评审报告;在政府网站进行5个工作日的社会公示后,起草项目批复文本按职责流程批复;资料整理归档,上报省厅备案。

(3)评审会议流程。

评审会议由评审单位负责组织,按照确定的时间、地点,通知参会单位人员及时到会,通知设计单位准备PPT汇报,拟订会议议程、签到、会议记录等事项。

会议由评审单位农田建设管理部门主持,建设单位汇报项目基本情况,设计单位汇报设计方案(PPT格式),专家组发表意见。

会后召开专家组评审讨论会,汇总编制评审意见并反馈设计单位,设计单位按照专家评审意见进行文本修改、图纸完善、预算调整,并约定完成时限和二次复核评审和终审时间。

第三节　评审专家及职责

一、组长专业方向要求及职责

组长专业方向为工程类,负责评审的全时段全过程统筹协调、对参与评审的专家组成员进行相关评审工作要求等培训、复核登记设计文本资料的合规性、整理综合各专家评审意见、向建设单位反馈评审意见、起草项目批复文本以及向省厅备案的资料文本等。组长由评审单位从抽取的专家中议定。

二、专家成员专业要求及职责

(1)土地规划:1名,负责国土利用规划、土地利用现状、基本农田"非粮化"符合性评审,对田间土地整理平整设计方案、设计图纸的合规性、完整性和可行性进行审核。

(2)勘测设计:1名,负责评审勘测报告、勘测图纸,以及工程设计规划图纸、平面布置图、单体图等完整性、准确性和适用性。

(3)水利工程:1名,负责审核水源工程、农田水利工程、农电设计、高效节水设计方案、设计图纸的合规性、完整性和可行性。

(4)农机农艺:1名,负责评审耕地质量保护与提升、农艺技术集成等措施设计、耕地质量评价体系以及上图入库工作等设计图纸的合规性、完整性和可行性。

(5)路桥林网:1名,负责桥梁、道路及路桥排水工程设计方案、设计图纸的合规性、完整性、可行性评审,防护林网、造林苗木设计方案、设计图纸的合规性、完整性、可行性评审。

(6)集成自动化、智慧农业:1名,负责科技创新、水肥一体化控制、墒情监测系统、智能系统等可行性评审。

(7)预算造价:1名,负责工程计量、预算定额、预算单价、预算编制合规性、完整性和可行性评审。

专家按专业分工开展评审工作,对评审结论的真实性、准确性和可行性负责,在约定时间内完成评审任务,二次复核评审和终审签字确认后,项目整体评审完成,对评审项目负有保密义务。

第四节　现场踏勘内容及要求

(1)评审单位工作人员统筹安排,设计报告送达确认后,分发到评审专家,专家根据项目规模和投资进行预审,预审时限依据工作量原则上为1~3个工作日。

(2)预审完成后,工作人员统一组织,安排车辆,通知项目县、项目区乡镇村组、设计单位,开展现场踏勘工作。

（3）现场踏勘前，专家须向评审组书面提供踏勘任务清单表。

（4）要求项目区范围内重要工程、特殊工程、典型布置、地形地质复杂、预审中存在疑问的部位等原则上必须到现场踏勘。项目区范围外水资源、水源工程等供水条件原则上必须现场核实。开展现场质询答疑，外业勘查时限原则上根据项目规模为 1~2 个工作日。

现场踏勘时，对项目区田间工程、道路工程、水利工程、农田水平、农电配套、林网工程、水资源等现状及存在问题、群众需求等要素，一并参照初步设计逐项进行复核。

第五节　评审内容

一、初步设计涵盖内容、章节格式的符合性评审要求

初步设计评审严格执行评审依据规范作业，对项目建设的基础条件、环境因素、设计方案是否满足功能、内容、规模、标准要求，设备选型、技术方案是否合理、可行、适用、经济、安全，投资概预算编制是否完整准确，项目经济和社会预期效益是否满足建设要求等方面进行全面评审，并提出评审意见和形成评审报告。

设计周期从项目选址到竣工验收后上图入库，各阶段内容齐全完整无遗漏，耕地质量（地力等级）评价包括项目实施前后的现状土样检测分析、项目建成前后的农业生产环境及生态安全评估、耕地质量评价因子汇总合成三部分内容，各项指标必须达到国家要求标准。上图入库方案的设计必须独立成章节，各项内容指标必须达到自然资源部门上图入库要求标准。

设计依据选用的规范、标准是否正确、适用、有效。

文本章节格式、设计图纸、预算编制是否符合项目主管部门的相关要求，如山西省内建设项目应符合《山西省农业农村厅关于进一步做好高标准农田建设项目有关工作的通知》（晋农建发〔2019〕8 号）的要求。

设计方案包括工程和技术是否进行了方案比选，分析、论证、推荐方案提供的数据、技术是否符合规范且方案最优。

设计图纸是否齐全完整，图纸方案布置、建筑结构尺寸、地形高程、控制高程、沿程桩号、控制桩号等标注是否标准、完整、无遗漏。

二、预期效益评审

通过高标准农田建设要基本实现与现代农业生产和经营方式相适应的旱涝保收、高产稳产农田的总目标。

基础设施目标：集中连片，田块平整，水、电、路设施配套完善。

耕地肥力目标：土壤有机质含量提高，原有耕地经高标准农田项目建设后，耕地质量等级应较项目建设前有所提升；新增加耕地的耕地质量等级应不低于周边耕地。

粮食产量目标：亩均粮食生产能力提高 50~100 kg，灌溉农田粮食亩产达到 600 kg 以上，旱作农田粮食亩产达到 300 kg 以上，盐碱地粮食亩产达到 400 kg 以上。

生态环境及其他目标:农田环境质量明显提高,生态修复能力得到提升,科技服务能力得到加强。

三、初步设计图纸格式、内容、深度要求

(1)初步设计图纸按照上级主管部门的有关要求,如《山西省农业农村厅关于进一步做好高标准农田建设项目有关工作的通知》(晋农建发〔2019〕8号)附件中山西省高标准农田建设项目设计图纸要求进行绘图设计,各种工程布局布置图纸、各类工程及建筑物设计图、结构图,管道系统连接图等必须齐全,图幅、图例、图标符合规定要求。

(2)初步设计图应达到施工图深度,施工单位能按照设计图进行工地施工放线布置,能按照设计图进行准确工程平面定位和工程定位控制,能按照设计图进行精准施工和工程量计量。

(3)全部路桥工程、渠道工程、管道工程必须有建设编号、与实地相符的地理名称、起点桩号、沿程控制桩号、建筑物定位桩号、拐点加密桩号,必须有纵断面图(原地面高程、工程底面高程、工程顶面高程等),必须有横断面结构图且各种尺寸标识齐全,建筑物必须有结构设计图确保符合各种规范,且达到安全、美观、简洁、实用。

(4)工程总体布置图、规划建设图、现状图底图应绘制在自然资源部门的最新土地利用现状图上,必须明确绘制高标准农田、高效节水区域,并标注规划和措施布置内容如面积、水源、建设形式等主要指标。

四、各专业建设内容评审技术要求

(一)土地平整

土地平整工程设计可按照传统的网格法、等高线法或采用计算软件进行设计,土地平整挖、填土方量要基本相等,网格高程点、地面设计坡度、挖填边界控制高程线、挖填方工程量的计量等必须达到施工要求深度,预算编制必须量化到田块,达到计量和支付要求。土地平整必须进行表土剥离,完成后再将表土层回填到农田中。

平原地区的条田,应实现田面平整,田块大小、长度、坡度应适应水源灌溉要求,并符合规范标准。

山地丘陵区梯田整治应配套土坎、石坎、混合坎、植物坎等保护方式,田面要形成1°反坡梯田。

土地平整工程施工组织和工期进度控制,必须结合农作物的耕作农时、农民需求,合理设计安排,尽可能减少损失。

(二)土壤改良与地力培肥

土壤改良与地力培肥主要包括畜禽粪污无害化腐熟和施用、测土配方施肥、土壤酸化防治、盐碱土治理,可采用施用有机肥、秸秆还田及深松耕、绿肥翻压、全养分科学配肥集成技术应用等地力提升措施。土壤重金属含量指标不应超过质量规范要求的标准值。每2~3年对农田实施深松耕,加厚农田耕作层。土壤改良与地力培肥要合理确定建设内容,如土壤贫瘠要设计土壤培肥措施,土层浅薄要用客土加厚土层,耕层浅薄要深耕深松翻,

盐碱危害要设置必要的土壤改良措施。设计的建设内容必须要有可行性和可操作性,并经项目村一事一议讨论同意。

(三)灌溉排水工程(高效节水)

灌溉排水工程设计必须遵循水利行业有关规范进行,项目区水资源、现状水量供需分析计算数据翔实、依据充分,富余或短缺结论必须清楚,对存在的问题提出解决对策,做到以水定地、以水定规模、以水定设施内容。涉及的水源工程(包括水库、机电泵站、机电井)、灌排渠道及其他水利工程必须是小型工程。

高效节水设计要符合节水规范要求,工程布局、设计方案合理实用可行,工程等级划分正确、水资源供水量平衡分析准确、灌溉制度确定合理、灌溉水利用系数达标,固定管道按规范采用一级或多级固定管道,平均每亩的固定管道长度宜为 6~12 m,给水栓(出水口)间距为 40~100 m,管材管件选择符合农田灌溉要求,高效节水必须设置用水计量设施。

(四)田间道路工程

按照《高标准农田建设 通则》(GB/T 30600—2014)规定,田间道路(机耕路)合理确定、密度适宜,宽度为 3~6 m,允许适度进行混凝土、沥青路面硬化;生产路作用以通达为主,宽度不超过 3 m,质量以素土为主,各项技术指标和安全指标符合路桥设计规范。设计要突出节约用地,减少环境影响,建设标准合理实用,切不可贪高贪大。

(五)生态防护工程

农田生态防护林网应根据因害设防原则合理设置,与田、路、渠、沟等相结合,技术参数必须符合《高标准农田建设 通则》(GB/T 30600—2014)规定,不能设计种植景观树木。

(六)农田输配电工程

农田输配电工程是指为小型水利灌排工程和高效节水工程配套的线路工程和配电装置,建设单位和设计部门必须与当地电力部门对接,核实电力农网改造和机井通电工程已建成情况,不得重复设计和多头设计,设计和所选用的产品必须符合国家强制性安全标准。

(七)工程预算审核

预算文本单独装订成册,预算文本按照主管部门相关规定,如《山西省高标准农田建设预算文件组成要求》编制,要以行政村为单元按照建设内容区分施工费、设备购置、安装费进行预算编制。

工程计量单位必须采用国家规范的统一计量单位,工程量计量要做到正确、准确,与设计方案、预算编制、取费依据、施工图纸对应一致,工程量的计算要在设计方案中表述清楚,不得估算、冒算。

项目原材料价格必须提供价格来源,不得虚列、冒列价格,不得使用没有来源依据的价格(如市场人工估价等);各种单价、定额计算符合国家规范要求,不得高套、冒套定额。

五、各种费用的取费标准

(一)项目管理费

在初步设计预算阶段,财政投入资金 1 500 万元以下的,按不高于 3% 提取;超过1 500 万元的,其超过部分按不高于 1% 提取。

(二)其他费用

1. 前期工作费

前期工作费按原国土部门土地开发整理项目预算定额标准计算。

(1)项目勘测费。按不超过工程施工费的 1.5% 计算,计算公式为

$$项目勘测费 = 工程施工费 \times 费率(\leqslant 1.5\%)$$

(2)项目设计与预算编制费。以工程施工费与设备购置费之和为计费基数,采用分档定额计费方式计算,各区间按内插法确定。

(3)项目招标代理费。以工程施工费与设备购置费之和为计费基数,采用差额定率累进法计算。

2. 工程监理费

工程监理费按原国土部门土地开发整理项目预算定额标准计算,采用新监理管理办法:"专业监理+N 名群众代表"联合监督,监理范围内容要求全过程、全时段、全覆盖。工程监理费以工程施工费与设备购置费之和为计费基数,采用分档定额计费方式计算,各区间按内插法确定。

3. 不可预见费

不可预见费按不超过工程施工费、设备购置费和其他费用之和的 3% 计算。计算公式为

$$不可预见费 = (工程施工费 + 设备购置费 + 其他费用) \times 费率(\leqslant 3\%)$$

第六节　专家评审意见及评审报告

专家在预审和现场踏勘的基础上,提供统一格式的书面打印评审意见,首先判定各专业采用的设计依据是否正确、准确,是否是现行有效规范;其次判定设计内容是否存在方案性问题,是否符合项目功能要求,是否进行了方案比选,是否存在设计漏项和缺陷,并按照本章第五节评审内容进行全面评审。对存在的问题要归类归纳,指出存在什么问题、不符合什么规范、应该怎么修改。同时,与造价和预算专家进行沟通,对工程量和预算调整需核减或核增达成一致意见。

评审报告主要是讨论汇总后的专家组综合反馈意见。主要包括:①项目概况;②评审依据;③各专业评审意见;④评审结论意见与反馈意见;⑤投资估算或初步设计概算核定表。

第七节　项目评审设计公示

设计单位按照评审反馈意见,进行设计修改、图纸完善、预算调整,并按照约定完成时限报送修改完成的设计和图纸,专家组对修改设计进行二次核审和终审签字确认,形成评审意见,在市政府网站进行 5 个工作日的社会公示。

第八节　设计批复文本及审批表

初步设计经专家组评审并提出评审修改意见,设计单位按照评审意见修改、完善或补充初步设计,修改后的初步设计必须经专家组审核签字同意。评审单位对建设单位上报资料及各种附件资料进行二次合规性审查核实,并根据职能权限对初步设计进行批复。批复内容主要包括:项目建设单位、建设地点、建设内容、建设规模、建设标准、投资预算、资金来源、预期效益。附工程批复明细表,明确各单项工程的工程量、造价、各项工程费用、主要材料仪器设备清单。审批表包括:①××县高标准农田建设(高效节水)项目审批表(县总表);②××县高标准农田建设(高效节水)项目审批表(分村表);③××县高标准农田建设项目预期效益表。

第九节　合规性材料、省厅备案材料

一、合规性材料附件(单独装订成册)

(1)县级农业农村部门对高标准农田建设项目的审核上报文件(第一次以函上报、第二次评审修改后以正式文上报)。

(2)县(市、区)政府出具的项目与以前年度不重复、与其他部门不重叠承诺证明。

(3)县级生态环境部门出具的农业建设项目环保影响备案材料。

(4)县级自然资源部门出具的项目选址建议参考第三次全国土地调查数据,符合国土利用规划、土地利用现状、基本农田面积确认、允许2 m以上沟渠路坎等占地许可、建成后地类变更认定意见。

(5)县级水务部门或行政审批部门出具的有效水资源供水意见和取水许可证明(要定位定设施)。

(6)县级文旅部门出具的备案材料。

(7)以行政村为单位的高标准农田建设内容明细一事一议文书(有公示痕迹),涉及占地调整的需有村、组、农户三方确认协议。

(8)价格信息来源复印件,进入预算的主要和次要材料单价(包括有机肥、设备、数字化建设)、单价信息来源、询价资料、市场调查资料等作为合规材料的必要附件,11种主材限价及调差按照《土地开发整理项目预算定额标准》执行。

(9)设计单位资质及承担业务范围证书。

(10)为本项目提供设计服务的参与设计人员从事专业、工作简历、高标准农田设计相关业绩等基本情况。

二、向省厅备案材料要求

(1)备案材料名称:××市高标准农田建设项目计划备案材料。

(2)材料格式提纲:

①任务分解、区域布局与开发重点。

②投资规模及资金构成。

③预期效益。

④需单独说明内容,包括:优先支持粮食生产功能区情况,包括在已划定粮食生产功能区范围内安排农田建设项目个数、建设面积、投资安排等;优先支持贫困地区情况,包括在36个固定贫困县安排农田建设项目个数、建设面积、投资安排等。

⑤全市高标准农田建设项目初步设计批复文件。

⑥各项目的专家评审意见。

⑦附表,包括:高标准农田建设项目资金投入情况表;高标准农田建设项目建设内容情况表;高标准农田建设项目预期效益表;重点支持领域投资和任务情况表;高标准农田建设项目清单。

第十节　专家评审费标准

参照国家、省、市有关规定,如《中央国家机关建设项目立项评估和初步设计评审管理办法(试行)》(国管房地〔2006〕37号)、《山西省财政厅关于规范政府采购评审专家劳务报酬标准的通知》(晋财购〔2017〕10号)等,依据项目规模明确工作量,专家取酬参考工作量和专家资质综合取酬,标准为800元/(人·d)。原则上,3 000万元以下的项目外业踏勘1 d,内业评审1 d,取酬1 600元;3 000万~10 000万元的项目外业踏勘1.5 d,内业评审2 d,取酬2 800元;10 000万元以上的项目外业踏勘2 d,内业评审3 d,取酬4 000元。第一次出具书面评审意见仅签字不领取评审费,第二次修改完成的设计报告经专家组专家审核(如果第二次修改没有达到规定标准,专家分别进行第三次、第四次提出修改意见,直至达到规定标准),通过专家组评审签字后,各专家领取评审劳务费。

第五章 施工管理

第一节 招标投标工作要求

招标投标工作是高标准农田建设项目的重要环节。为保证招标投标工作的公平、公正、公开,高标准农田建设项目的招标投标要主动报告同级驻建设单位纪检监察部门,实行全过程监督。同时,在编制招标文件、投标方资质审核、开标和评标的关键环节,主动邀请同级人大、政协、纪检、审计和群众代表监督,评标过程要设置甲方代表,确保招标过程工作规范完整。

招标投标工作严格执行《中华人民共和国招标投标法》、《中华人民共和国政府采购法实施条例》和《山西省工程建设项目招标投标监督管理办法》。

第二节 项目施工

工程施工是高标准农田建设项目的主要内容,核心把握四点:一是施工人员和投入械具与工程量相匹配;二是施工现场要做到工程量标识、安全警示、施工提示规范;三是施工项目部成立后,施工档案、施工日志、工程签证、施工质量确认等工作要和施工进度相匹配;四是施工人员持证上岗等事项,确保施工安全高效。

一、土地平整工程施工

(一)一般要求

(1)土地平整应满足田块内部自流灌溉、自流排水的要求。土地平整应符合适种作物精耕细作要求,做到田块内部平整。

(2)土地平整之前,应对现有田块布局进行现场路勘和施工测量,测量比例尺一般为1:500,一个土地平整单元的测量应选择同一级别的水准高程点,并将单元设计高程引入平整单元内,并用固定桩标记。

(3)根据设计和实际测量成果,确定平整单元的位置、边界和高程,确定单元内开挖线以及挖填区域及其代表点的挖填深度,并对不同区域进行标记划分,然后根据设计要求对田块进行放线及高程控制,做到田块方正。

(4)田间土地平整尽量做到挖填平衡、不余土、不出现二次搬运土方。填挖土方原则上在一个平整地段内进行平衡,但必须照顾到相邻地段的填挖情况,以缩短填挖运距,节省劳力。根据土方平衡计算,做出施工指示图及说明书。

(二)条田平整的施工程序和要求

(1)熟悉设计文件和图纸,了解作物生长对土地平整的要求,分析土地平整工程施工的可行性。

（2）现场校对设计图纸，并开展施工测量放样，落实土方开挖、回填、表土剥离等位置，现场估算工程量，制订土地调配方案。

（3）划分土地平整区域，对于田块归并和田面挖深大于 10 cm 以上的现有耕地区域进行表土剥离，将表土放在不被侵蚀、污染的区域。

（4）开展田块内部平整，不足土方进行区外调土，满足田面设计高程和田面平整度的要求。

（5）进行表土回覆施工，复核平整后的格田高程，满足田块内自流灌溉要求。

（6）条田内土地平整可选用推土机配合挖掘机、铲运机施工，对于机械不能到达的小区域地块，可采用人工平整。

（三）梯田平整的施工程序和要求

按照大弯就势、小弯取直的原则，进行梯田施工，梯田施工包括定线、清基、筑埂、保留表土、修平田面等五道工序。

（1）定线。根据梯田规划确定梯田区的坡面，在其正中（距左右两端大致相等）从上到下划一中轴线，在中轴线上划出各台梯田的田面斜宽基点，从各台梯田的基点出发，用水准仪向左右两端分别测定其等高点；连接各等高点成线，即为各台梯田的施工线。

（2）清基。以各台梯田的施工线为中心，上下各划出 50~60 cm 宽作为清基线。

（3）筑埂。

（4）保留表土。包括表土逐台下移法、表土逐行置换法和表土中间堆置法。

（5）修平田面。

（四）石地治理的施工程序和要求

石地治理包括两个方面：一是拣集、清理石块，回填耕作层土壤；二是爆破石块，用于梯田区石坎的修筑。

石地治理施工内容如下：施工准备→测量放样→表土剥离→田间施工便道布置→机械进场→清理岩石或爆破→清基→筑石坎→田面土方平整→表土回覆或客土培肥→交工验收。

对于松石可采用机械进行清除，对石方面积较大、挖深较大且数量集中地段可采用钻机打眼，并通过排孔预裂爆破和弱松动爆破，进行清除，清除后的石方运输至指定地点，筑石坎或用于其他工程的修筑。

清理岩石时需进行爆破的施工顺序：测量放线→布置炮孔→钻孔→装药→填塞→电路连接→检测电路→警戒→起爆→检查。对于石方施工应由专业公司完成，严格按照安全操作程序进行。

石块清理后一般修筑石坎梯田，先进行表土剥离，然后按照岩石条件进行挑选，将规整石块用于石坎修筑，不合格石块运出平整区域。

石坎修筑完成后，表土耕作层厚度达不到设计要求时，应进行客土覆盖。

二、农田水利工程施工

(一)渠沟土石方施工

1. 测量放线

首先根据沟渠的控制高程点,进行沟渠中线桩的测量定位,并做好标记,同时对给定的上级沟渠各个控制点还应钉设护桩,以便于施工和竣工验收的复检工作。为便于土石方开挖和填筑的高程控制,采用闭合水准测量方法,加密测设临时水准桩,编号并做好标记。

2. 土石方开挖

渠道开挖必须根据施工放样确定的渠道中心线及开挖边线,按照设计断面进行施工。平原区土方开挖以机械为主,人工为辅助,并且挖方段的施工力求与填方平行作业。

3. 渠堤填筑

渠堤回填首先应进行土料选择,尽可能将挖方合格的填料用于渠堤回填,以减少多次倒运和借方回填。筑堤用的土料,以黏土略含砂质为宜,将透水性小的土料填筑在迎水坡,透水性大的土料填筑在背水坡。土料中不得含有草根、耕植土等有害杂物,并应保持一定含水率,以利压实。

渠堤填筑施工要求如下:

(1)铺土前应先行清基,清去基底上的表土、淤泥、树根、杂草、砖石碎块,然后打铺底夯一遍;土方填筑一律分层水平平铺倒土,每层铺土宽度应略大于设计宽度,以免削坡后断面不足。

(2)本平分层由低处开始逐层填筑,不得顺坡铺填。铺土方向沿轴线延伸,分段作业面最小长度不小于 100 m,铺土厚度一般为 20~30 cm,作业面分段统一铺土、统一夯实。

(3)每层土填筑前应先进行刨毛,由低处向高处分层压实回填,回填土料的压实系数不小于 0.95。

(4)土方压实方法有碾压、夯实、振动压实及利用运土工具压实等。夯实采用连环套打法,夯迹双向套压,夯压夯 1/3,行压行 1/3;分段分片夯实时,夯迹搭压宽度大于 1/3 夯径。

(5)渠顶填筑高度应考虑沉陷,一般可预加 5% 的沉陷量;堤顶应做成坡度为 2%~5% 的坡面,以利排水。

(6)遇雨天填筑时,土方填筑作业面利用雨布覆盖。

(7)在填筑铺料过程中,对填筑高程进行严格控制,防止铺料过厚或欠铺,每层土铺筑前由测量人员用水准仪或是全站仪在回填作业面合适的位置打控制桩,用以控制铺土厚度。

(8)每层土施工完毕后,在压实段有代表性的部位使用核子密度仪(结合环刀法)检测其压实质量,在土料压实密度、含水率检测达到设计要求并经监理机构检验认可后,方可继续填铺下一层新土。

(二)管道施工

管道施工步骤如下:

（1）测量放线。

（2）管沟土方开挖。沟槽开挖的位置、基底标高、尺寸等应符合设计图纸要求。

（3）管道安装。

（4）管沟土方回填。管道覆盖前,必须进行打压通水试验,在管道无渗漏且符合设计要求时方可进行覆土回填。

（5）管道试压。试压管道的长度不宜大于 1 km。

（6）管网冲洗。管网冲洗的含沙量必须符合规定。

（三）建筑物工程施工

建筑物工程施工内容包括测量放线,建筑物基坑开挖与回填,混凝土、砌石、机电与金属结构安装等。

（1）测量放线。在建筑物基坑开挖前,首先根据建筑物轴线位置进行测量放线,以渠道中心线为控制轴线,在 100 m 长度范围内设置基坑和开挖线控制点,现场划定土方开挖线的四至范围。

（2）建筑物土方开挖。场地清理,机械施工,人工清槽,预留 30 cm 厚余量,确保不扰动建基面以下原状土。开挖深度小于 1 m 时,不考虑放坡,两侧各预留 20 cm 的工作面宽度;开挖深度大于 1 m 时应采取放大边坡或支护措施。

（3）建筑物土方填筑。

（4）建筑物混凝土、砌石、机电与金属结构安装。

（四）混凝土工程施工

混凝土工程施工内容包括原材料检验及储存、拌制与运输、浇筑、养护等,施工程序和要求如下:

（1）原材料检验及储存:原材料包括水泥、骨料、水、外加剂。水泥出厂超过 3 个月的,应在使用前对其质量进行复验。粗骨料最大颗粒粒径不得超过构件截面最小尺寸的 1/4。

（2）拌制与运输:包括设计配合比,混凝土拌制和运输。为保证拌和物充分拌和,拌和时间不少于 3 min。运输时间在夏季一般不超过 30 min,春季不超过 45 min,冬季不超过 60 min。

（3）混凝土浇筑。

（4）混凝土养护。使用普通硅酸盐水泥的混凝土,其养护时间不得少于 14 d。

（五）砌石工程施工

砌石工程施工包括选料、基础清理、制砂浆、砌筑、勾缝、养护等。

（1）选料:浆砌石料要求质地新鲜、坚硬、表面清洁、上下面大致平整,无风化剥落或裂纹的石块,厚度 20~30 cm;石料物理力学指标应符合设计要求;砌筑砂浆应采用质地坚硬、清洁的河砂或人工砂,粒径为 0.25~10 mm,细度模数为 2.5~3.0;水泥可采用普通硅酸盐水泥,质量合格。

（2）基础清理:在砌筑之前,对土质基础应先将杂物清理干净,然后进行夯实,并在基础面上铺一层 3~5 cm 厚的稠砂浆;对于岩石基面,应先将表面已松散的岩石去除,具有光滑表面的岩石须进行人工凿毛,并清除所有岩屑、碎片、沙、泥等杂物,并洒水湿润。

（3）制砂浆：机械拌和时间不少于 2~3 min。

（4）砌筑：坐浆法错缝砌筑，每层铺浆厚度宜为 3~5 cm。

（5）勾缝。

（6）养护。

(六) 机电设备安装工程施工

安装前应查验闸门和机电设备的出厂证明、合格证等原材料，复查规格尺寸是否满足设计要求，制造误差是否在允许偏差范围内。

安装应采用机械起吊，确保起吊中心线找正，其纵、横中心线偏差不超过±5 mm，高程偏差不超过±5 mm，水平偏差不应大于规格尺寸的 0.5‰。

安装完成后应进行设备调试，保证各项性能符合规范要求；调试完成后，进行闸门及其启闭机的运行试验。

闸门和启闭机调试前必须清除门叶上和门槽内所有杂物，并检查吊杆的连接情况；闸门就位后，应用灯光或其他方法检查止水橡皮的压紧程度；启闭机所有机械部件、连接部件应符合要求，螺杆的固定应牢固，用手动转动各机构，不应有卡阻现象。

启闭机在安装检查完毕后，在不与闸门连接的情况下，进行启闭机空载运行，检查各传动机构的安装正确性；在闸门承受设计水头的情况下，做闸门开启和关闭试验，试验的记录都作为安装验收依据。

三、田间道路工程施工

(一) 路基施工

（1）首先对路基基础和取土区进行清理，清除地表植被、杂物、淤泥和表土。

（2）清基完成后，对地基表面进行碾压，并做好路基排水。

（3）进行路基材料填筑，同一水平层路基应采用同一种填料，不得混填，填筑摊铺厚度不应大于 30 cm。

（4）路基横向加宽施工时，路基接合部开挖成台阶，台阶宽度不小于 1 m，向内倾坡，填方分几个工作面时，纵向接头部位按 1:1 坡度分层为台阶。

（5）对外运土筑基，应对取土场土料含水率进行检测，含水率大时应翻晒，含水率过小时可洒水，应控制在最佳含水率下进行运土填筑碾压，压实系数 0.95。

（6）进行摊铺、整平、碾压，利用推土机摊铺，平地机进行整平，压路机进行碾压，路拱控制在 1.5%~2.0%。

（7）当遇到软土路基时，路基填筑前应对软土路段地基进行处理，一般常用换填、抛石挤淤或设置砂垫层的方法进行基础处理。

(二) 混凝土路面施工

（1）施工前应对路面基层压实度、平整度、高程、横坡、宽度等进行检查。

（2）混凝土振捣先用插入式振捣器沿横断面连续密实振捣，并防止边界处欠振和漏振；再用平板振捣器纵横交错全面振捣两遍，全面提浆振实，振捣时应重叠 10~20 cm，然后用振捣梁振捣拖平，保证 3~5 cm 的表面砂浆厚度。

（3）混凝土抹面、压实、修整时应清边整缝，清除黏浆，修补掉边、缺角；振捣梁平整后,用60~70 cm长的抹子采用揉压方法,将混凝土板表面挤紧压实,压出水泥浆,至板面平整,砂浆均匀一致,一般抹3~5次。

(4)对混凝土路面切缝、清缝、灌缝。当采用切缝法设置伸缩缝时,采用混凝土切缝机进行切割,切缝宽度控制在4~6 mm,应防止切缝水渗入基层和土基。

(5)灌入式填缝,灌注填缝料必须在缝槽干燥状态下进行,填缝料应与混凝土缝壁黏附紧密不渗水,填缝料的灌注深度宜为30~40 mm,灌注高度与板面平或稍低于板面。

(三)泥结碎石路面施工

(1)泥结碎石路面施工时,泥结碎石铺装分上、下两层,面层为10 cm,下层为10 cm。

(2)泥结碎石路面下层施工,在压实的路基上用拌和法按松散铺厚度(压实厚度的1.2倍)摊铺碎石,要求碎石大小颗粒均匀分布,厚度一致;碎石铺好后,将规定的用量土,均匀地摊铺在碎石层顶上,然后拌和,拌和1遍后,随拌随洒水,一般翻拌3~4遍,以黏土成浆与碎石黏结在一起为止;用10~12 t压路机碾压3~4遍,直至石料无松动。

(3)泥结碎石面层施工方法与下层基本相同,当黏土浆与碎石黏结在一起后,用平地机械或铁锹等工具将路面整平,再用12 t压路机洒水碾压,使泥浆上冒,表层石缝中有1层泥浆即停止碾压。过几小时后,用15 t压路机进行收浆碾压1遍后撒嵌缝石屑,再碾压2遍。

(4)施工质量要求:泥结碎石表面应平整、坚实,不得有松散、弹簧等现象。用压路机碾压后,不得有明显轮胎痕迹。面层与其他构筑物接顺,不得有积水现象。施工完的路面外观尺寸允许偏差应符合有关规范要求。

四、农田防护林工程施工

(一)整地

造林前一年秋季整地,选择健壮的苗木,造林前将苗木渗泡48~72 h后运到造林地进行种植。树穴的形状以正方形或圆形为主,坑的宽度和深度不小于60 cm,挖成方坑或圆坑,将表土与农家肥20~30 kg混合施到坑内,为栽植做好准备。

(二)栽植

先将树苗放入树穴内,竖直看齐后,垫少量土固定树苗,随后填土至树穴一半,用锄头将树苗四周的松土插实,然后再继续用土填满树穴并插实。树苗栽植时间不能拉得太长,苗木挖出后及时运输到栽植区定植,对来不及运输和栽植的苗木就地假植,不能过夜,假植时间不超过3 d。栽后及时灌头水,要求栽后不过夜灌足头水,并覆膜以提高地温,隔10 d后再浇水一次。适时松土、锄草,可促进苗根恢复活性,保证苗木成活。

(三)抚育

幼林抚育的主要任务是松土、锄草、灌溉、施肥、幼树管护、补植等,满足幼树对水、肥的需求,达到较高的成活率和保存率,以期尽早郁闭,尽快发挥效益。时间设定为3年,其主要任务是通过植树行间和行内的锄草、松土,促使幼林正常生长和及早郁闭。

五、施工成果资料

施工单位应该在工程建设中形成如下成果资料:

(1)开工资料(包括施工组织设计)。

(2)质量评定资料。

(3)工程计量与技术签证。

(4)结算书。

(5)施工月报。

(6)施工日志。

(7)施工总结报告。

(8)质检报告及设备合格证明。包括:①管材;②水泵及配电等设备;③水泥、石子、砂、混凝土试块;④路基压实度检测;⑤肥料合格证、检验报告及发票;⑥软体集雨窖。

(9)施工影像资料。

第三节　项目监理

高标准农田建设项目实行工程建设监理制,是高标准农田建设项目质量控制的重要手段,受建设单位委托,对施工的全过程实施监理制,采用"专业监理+N名群众代表"联合监督的办法,特别是隐蔽工程施工过程、原料设备进场过程、抽查检验过程、工程质量评定过程等,全程接受群众和社会监督,也是高标准农田建设项目管理的重要组成部分,是高标准农田建设项目建设依法规范管理、精细管理的一项重要手段。

一、监理工作的主要内容

监理单位的主要工作内容是对项目的质量、造价、进度三大目标进行控制;对合同、信息、安全生产进行管理;对参建各方进行组织协调,使各方主体有机结合,协同一致,促进目标实现。

二、监理单位的确定及监理合同签订

(1)依据有关规定,通过招标确定。2018年3月27日,国家发展和改革委员会发布了《必须招标的工程项目规定》,明确勘察、设计、监理等服务的采购,单项合同估算价在100万元以上必须招标。

(2)审查监理单位的业绩及总监理工程师的个人业绩及能力,工作经验很重要。

(3)监理合同模板参照《建设工程监理合同(示范文本)》(GF-2018-0202)签订。

三、组建项目监理部

由总监理工程师1名,监理工程师、监理员若干名组成。监理公司要出具总监理工程师任命证书。

四、施工准备阶段监理工作

(一)收集材料(甲方提供)

材料包括:①设计文件及图纸;②项目批复文件;③招标投标文件;④施工合同。

（二）设计交底和图纸会审

业主主持,设计、施工、监理单位参加,对项目设计及图纸存在的问题提出书面意见,形成设计交底纪要。

（三）编写监理规划

监理规划介绍监理工程范围、监理内容、监理目标、监理依据、监理组织、质量控制、造价控制、进度控制、安全管理、合同与信息管理、工作制度等。

（四）编写监理实施细则

监理实施细则介绍专业特点、监理工作流程、监理控制要点及目标、监理工作的方法及措施。

（五）审查施工组织设计（施工方案）

(1)质量管理体系、安全保障体系是否健全。

(2)施工方法是否可行。

(3)工期安排是否满足合同要求。

(4)人员组成是否满足施工专业要求。

（六）检查开工条件

开工条件要满足:①人员设备进场;②测量基准点移交;③提交开工报告;④收集开工前的原始影像资料等。条件全部满足后,下达开工令。做到人力、材料、机具设备准备不足时不准开工,未经检验认可的材料不准进场,未经批准的施工工艺和程序不准采用。

五、施工过程中的质量控制

(1)监理机构在工程质量控制过程中应遵循的原则:①坚持质量第一的原则;②坚持预防为主的原则;③坚持以人为核心的原则;④以合同为依据,坚持质量标准的原则;⑤坚持科学、公正、守法的职业道德规范。

(2)质量控制的内容:①审查施工单位用于工程的材料、构配件、设备的质量证明文件,并按要求对工程的材料进行见证取样,进行平行检验;②采用旁站、巡视、平行检验等方式对施工过程进行检验监督,对关键部位或关键工序必须进行旁站监理;③对隐蔽工程、单元工程、分部工程、单位工程进行验收,严格做到事前检查、事中监督、事后验收,上道工序验收不合格,不能进行下道工序。

(3)高标准农田建设项目常用的检测主要包括如下几方面:

①混凝土工程。水泥、石子、砂检验报告、混凝土配合比报告、试块强度检验。

②道路路基土壤压实。有击实试验报告、干密度测试报告。

③管材。有质量检验报告,平行检验有见证取样及检验报告。

④设备。有出厂检验合格证。

⑤肥料。有检验报告及发票。

六、单项工程监理要求

(一)土地平整工程

1. 一般土地平整工程

该工程应有 11 道工序:①对田间收获后的秸秆作物实行秸秆还田;②划定田块;③测量放线;④制订格局框架;⑤打桩复测;⑥平衡工程量;⑦剔取阳土;⑧超挖低填;⑨阳土回填;⑩耙耱平整;⑪修筑田埂。

监理应把住田块平整度、活土层厚度和田埂规格 3 道关。

2. 客土覆盖工程

该工程有 9 道工序:①秸秆还田;②田块划定;③测量放线;④核实工程量,并进行土方平衡;⑤确定各特征点的设计高程;⑥拉运客土;⑦平整客土;⑧校核拉运客土量及平整度;⑨整理地边修筑田埂。

监理应把住拉运客土量的核实、田块平整度和田埂规格 3 道关。

(二)打井配套

机井在土地整理工程中是一项关键工程,工程完成后项目区的效益能否很好地发挥,主要在井,群众满意不满意也在井。土地整理工程中,最受群众欢迎的就是打井配套工程,因此在施工中要引起高度重视。

打井配套有 12 道工序:①办理取水许可证;②测定井位;③开钻施工;④成井扩孔;⑤内测井孔;⑥分层下管;⑦回填滤料;⑧洗井;⑨抽水试验;⑩合理配泵;⑪整理成井资料;⑫竣工验收。

监理的重点是把好开钻、下井壁管、填滤料、洗井抽水和配套安装 5 道旁站关。

在施工中监理要掌握住 3 点:①机井的出水量要达到设计要求;②所配套的机具及材料必须有合格证件和保修说明书;③井台、井房建造的质量标准要符合设计要求和施工程序要求。同时,还要注意施工安全,重点是立井架、下井管、焊管、拆架等工序,操作时,一定要有严格的制度和安全措施,保证安全施工,特别注意防止异物掉入井内。完工后,要对开挖的泥浆坑进行整理,恢复原状,确保周围环境不受影响。

(三)管灌节水工程

1. 管灌节水工程

该工程有 10 道工序:①方田规划;②测量放线;③开挖管沟;④验沟、验管;⑤放管;⑥安装管道及给水栓;⑦试水;⑧回填;⑨安装消力池;⑩竣工验收。

2. 管灌工程材料质量要求

管灌工程所需的管材、管件、规格尺寸、抗压强度等指标必须要符合设计要求,若采用聚氯乙烯管,要具有检验合格证、性能检测报告等有效证件。

监理工程师要不断地检查管材、管件的颜色是否一致,内外表面是否光滑、平整、清洁,有无凹陷、气泡及划伤。

监理要把住验沟、验管、试水 3 道旁站关。

(四)混凝土工程

(1)混凝土工程施工有 6 道工序:①清除表面杂物后,在符合浇筑混凝土的基面上支模;②混凝土拌和;③混凝土浇筑;④混凝土捣实;⑤拆模整修;⑥混凝土养护。

（2）混凝土工程施工中要注意 5 点:①搅拌机配合比要符合要求;②少量混凝土人工拌和,要有拌制场地,至少在铁板上进行,不允许在土地上拌和混凝土和砂浆;③搅拌机出仓混凝土运距,必须符合规定,不能有离析现象;④混凝土浇筑应保证连续作业,如因故中止,时间超过允许间歇时间,要按施工缝进行处理;⑤混凝土要注意养护,最好采用塑料布覆盖,使其表面保持湿润状态直至养护期满。

监理要把住拌和、浇筑、捣实 3 道旁站关。

（五）U 形渠工程

U 形渠工程施工有 9 道工序:①施工放线;②确定走向(断面及建筑物的外轮廓线);③确定纵坡测量高程;④渠线顺直,土模回填密实、均匀(压实度不小于 0.93);⑤开挖土模复测底部高程;⑥标准 U 形断面模板检查、修正土槽;⑦如果是预制 U 形混凝土渠进行安装,周边要用砂回填,如果现浇可按混凝土工程质量要求实施;⑧灌注伸缩缝、压实抹光;⑨混凝土养护,时间不得小于 14 d。

总之,在 U 形渠道衬砌施工过程中,概括起来要做到"一严、二准、三快、四干净"的要求,即:

一严:严格按照要求进行认真施工。

二准:配料要准确、各工序操作要准确。

三快:拌和、运输、浇捣速度都要快。

四干净:材料、机具、模板、施工现场保持干净。

（六）输电线路工程

输电线路工程,原则上要求有资质的专业技术人员组织实施(包括乡、镇供电所专业技术人员)。要求按设计规划的线路和电业部门的施工规范施工,工程监理人员要检查以下 4 点:

（1）所用的电杆(高压和低压)高度必须符合设计要求,并有合格产品证件。

（2）电线(高压和低压)必须是正规厂家的产品,证件齐全。

（3）变压器和配电器材,必须在正规厂家购置,有合格证,有三保单。

（4）如果低压线采用地埋施工,要求埋深程度和线路走向必须符合电业部门规范。

（七）机耕路硬化工程

各县、市因地形和硬化材料的差异,在施工要求和程序上有所不同。除在设计中有特殊要求外,一般情况下有 15 道工序:①测量放线;②清障清基;③推平碾压;④挖路边排水沟;⑤刮路机刮平;⑥压路机压实;⑦铺拌和的砂石土料;⑧推土机推平;⑨压路机压实;⑩铺细石料(豆粒石);⑪人工推平整理;⑫压路机再压实;⑬埋路沿拐角石;⑭全面整理;⑮竣工验收。

每道工序中,含水率必须适宜,含水率差时必须进行洒水。监理要把住清基、压实度抽验、上骨料 3 道旁站关。

（八）生态环境保护防护林工程

防护林工程有 11 道工序:①按照设计规划的株距、行距进行放线;②挖坑;③验坑验苗;④整修苗木;⑤发放树苗;⑥栽植(三点一线);⑦浇水;⑧稳树;⑨整理树坑;⑩涂白;

⑪竣工验收。

在施工质量上监理人员要把住 8 道关：①检验坑的断面尺寸是否符合设计要求，坑底活土层要保持 20 cm；②验株距、行距是否合乎设计尺寸；③检验是否有苗木检疫证（本地苗木可以不要）；④检验苗木胸径、高度是否符合要求规格；⑤要求栽前苗木进行修剪；⑥检验栽植方法，一般采用"三埋两踩一提苗"和检验行距的顺直；⑦检验栽后浇水是否及时；⑧检验是否落实管理责任人。

监理工程师重点是要把住验坑、验苗、栽植和浇水 4 道旁站关。

七、质量验收

（1）单元工程验收，施工单位自检，要求自检合格，自检资料完善，报监理认证，有照片。

（2）隐蔽工程经监理验收合格后方可进行下道工序。

（3）监理组织分部工程、单位工程验收。

（4）建设单位组织自验。

（5）项目批复单位组织竣工验收。

八、计量与支付

（1）对已完工工程验收合格后进行工程计量与技术签证。

（2）按合同约定进行工程款支付。

九、竣工结算

施工单位完成全部合同内容，经验收合格，向监理机构提交竣工结算表，监理进行审核。

十、安全生产监督管理

（一）安全管理原则

（1）坚持"以人为本，安全第一，预防为主"的方针。

（2）遵循"谁主管，谁负责"的原则。

（3）总监理工程师对安全生产监督管理负总则。

（二）主要工作

（1）审查施工单位安全生产许可证，特种作业人员合格证和操作资格证书。

（2）审查施工单位安全生产保证体系、安全生产责任制等规章制度。

（3）复查施工机械及设施的安全许可手续。

（4）审查施工方案中的安全技术措施。

（5）巡视检查，发现安全隐患，下达整改通知。

（6）检查安全标志及防护措施是否符合编制标准。

十一、监理成果资料

（1）建设工程监理合同及其他合同文件。

(2)监督规划、监理实施细则。

(3)设计交底和图纸会审会议纪要。

(4)施工组织设计,(专项)施工方案,施工进度计划报审资料。

(5)总监理工程师任命书、监理通知单,来往函件。

(6)工程材料、构配件、设备报验文件资料,见证取样和平行检验文件资料。

(7)工程质量检查报验资料及工程有关验收资料,包括隐蔽工程验收资料。

(8)工程变更资料。

(9)质量缺陷与事故处理资料。

(10)监理月报,监理日志,旁站、巡视记录。

(11)第一次工地会议、监理会议、专题会议纪要。

(12)监理工作总结报告。

(13)工程计量、工程款支付文件资料。

(14)影像资料。

第四节　资金管理

一、资金使用管理

(一)基础工作

会计科目的设置:高标准农田建设项目进行核算时,应设置"建筑安装工程投资""设备投资""待摊投资""其他投资""待核销基建支出""基建转出投资"等明细科目,并按照具体项目进行明细核算。

在项目竣工验收交付使用时,按照转出的项目支出的成本,借记基建转出投资,贷记建筑安装工程投资、设备投资等;同时,借记无偿调拨净资产,贷记基建转出投资;再借记累计盈余,贷记无偿调拨净资产。

在验收的时候,项目建设单位必须提供原始大账(可将原始凭证进行复印以备验收查看)。

待核销基建支出:项目发生的部分工程措施和农艺措施不能形成固定资产的支出,包括平田整地、田畦整治、坡地改造、修筑土埂、开挖临时性小型沟渠、土壤改良、培肥地力等不能形成资产的支出,以及项目未被批准、项目取消和项目报废前已发生的支出。

土壤改良和培肥地力措施具体包括客土改良、加厚耕作层、秸秆还田、测土配方施肥,施用抗旱保水剂、硫酸亚铁、精制有机肥或畜禽肥、种植绿肥等。

耕地质量调查监测评价相关费用自2021年起从项目建设资金科技措施费中依据工作量合理列支。

(二)项目管理费

项目管理费由建设单位使用,在初步设计预算阶段,财政投入资金1 500万元以下的按不高于3%提取;超过1 500万元的,其超过部分按不高于1%提取。

项目管理费主要用于农田建设项目项目评审、实地考察、检查验收(含工程复核费、工程验收费、项目决算编制与审计费、治理后土地的重估与登记费)、工程实施监管、绩效评价、资金和项目公示(标识设定费)等管理方面的支出。

省级、设区的市级农业农村主管部门用于农田建设项目管理的经费应由本级财政预算安排,不得在此项目管理费中列支。

(三)其他费用

其他费用包括高标准农田建设项目的前期工作费(工程勘测费、设计与预算编制费、项目招标费)、工程监理费、不可预见费。具体费用的提取方法按 2011 年 12 月财政部、国土资源部制定的《土地开发整理项目预算编制规定》执行。

竣工验收费有关内容按照财政部 农业农村部《农田建设补助资金管理办法》(财农〔2019〕46 号),在项目管理费中据实列支。

高标准农田建设不得提取拆迁补偿费。

(1)前期工作费:按原国土部门土地开发整理项目预算定额标准计算。

(2)项目勘测费:以工程施工费为计费基础,工程施工费×费率(≤1.5%),计算公式为

$$项目勘测费 = 工程施工费 × 费率(≤1.5\%)$$

(3)项目设计与预算编制费以工程施工费与设备购置费之和为计费基数,采用分档定额计费方式计算,各区间按内插法确定。

(4)项目招标代理费以工程施工费与设备购置费之和为计费基数,采用差额定率累进法计算。

(5)工程监理费:按原国土部门土地开发整理项目预算定额标准计算,并采用新的监理管理办法:"专业监理+N 名群众代表"联合监督,监理范围内容要求全过程、全时段、全覆盖。以工程施工费与设备购置费之和为计费基数,采用分档定额计费方式计算,各区间按内插法计算。

(6)不可预见费:不可预见费按不超过工程施工费、设备购置费和其他费用之和的3%计算。计算公式为

$$不可预见费 = (工程施工费 + 设备购置费 + 其他费用) × 费率(≤3\%)$$

(四)加强资金使用管理

(1)重视高标准农田项目资金的使用和管理,切实加强与财政、审计部门沟通协调,制订高标准农田建设资金支付方案,明确时间节点,落实具体责任,切实提升项目资金使用效率。

(2)加快项目资金支付进度,严格按照合同约定和项目进度及时支付工程款。支付和工程进度不匹配时,反映了前期工作、基础工作不扎实,审批环节和项目推进环节滞后的,要专项督办。

对尚未开工的项目,要查找具体原因,提出针对性解决办法,尽快开工;对开工或在建的项目,要加快实施进度;对完工项目,要及时组织相关部门进行验收,尽快办理竣工工程结算、财务决算。

(3)项目实施应当严格按照年度实施计划和初步设计批复执行,不得擅自调整或终止。因客观原因确需调整的,要按照因地制宜、实事求是,通盘考虑、一步到位,任务不减、

标准不降的原则进行,并按规定权限和程序申报审批。

(4)严格执行《中华人民共和国预算法》和各项财经纪律,认真落实财政部和省级有关部门关于预算管理的各项规定,在确保各项支出依法、合规、有效的前提下抓好预算支出执行进度,严禁不讲效益"突击花钱",严禁违规开支"随意花钱",严禁虚列支出、以拨代支、虚报数据等违法违纪行为。

二、进度款的支付流程

(一)施工单位上报资料

施工单位上报《工程款支付申请表》(后附工程计量报验单、工程变更资料、工程量清单及已完工预算书)及其他资料,如:影像资料、图片等进度证明资料。相关表格均需合同约定的施工代表签字,施工单位盖章。

(二)监理单位审核

监理单位依据施工合同对施工方提交的进度付款资料进行审核,编制审查说明,提出审核意见,如达到付款节点,签发《工程款支付证书》,并由总监理工程师签署意见,加盖监理单位公章。将《工程款支付证书》原件与施工单位的付款资料一起提交给建设单位。

(三)建设单位审批

建设单位项目负责人对监理单位、施工单位上报的工程进度、工程量、工程预算进行审查,在《工程款支付证书》签署审查意见,对涉及工程扣款、质量缺陷、罚款等要进行说明。如达到付款节点,签发《工程款支付审批单》,按照建设单位内控流程进行审批付款。

三、工程进度款的审核与管理

在工程施工过程中,工程进度款的支付由工程进度来决定,由于工程进度受多种因素的影响,可能导致脱离预期目标,会影响到工程进度款的正常支付,因此有必要做好工程进度款的审核与管理工作,发挥其保障工程施工顺利进行的作用。

工程进度款的审核与管理是一项非常复杂的工作,它涉及技术、管理、法律等各方面综合的知识与技能,需要做好前、中、后的全过程管理和全方位管理,要采取动态管理的方式方法,合理控制施工阶段的进度款支付,这样才能为工程施工的进度和质量提供经济保障,使工程投资效益最大化。

(1)审核工程量是工程进度款管理非常关键的工作。

一般在审核合同范围内的工程量时,工程师需熟悉设计文件和工程合同、施工组织设计及施工方案、涉及工程计量的往来文件等,严格遵守工程量计算规则,对超出设计图纸范围、未按合同约定、超出方案的工程量不予计量,同时要做好过程记录,对质量审核、问题解决情况、进度影响因素、遗留问题等做好记录。针对变更设计和现场签证的审核,需要满足相关规定要求,不计未生效的变更和签证内容,计算和核实好工程量,并及时书面记录变更、签证情况。

(2)在做好工程量审核的基础上,还需要做好以下工作:

①做好实物计量工作,严格审核工程量变更情况。由于对工程量数据掌握不准确会增加进度款审核管理的难度,因此要派专人做好现场记录,保证随做随签,以免进度款支

付出现差错。

②深入现场，及时、全面、准确地了解施工进度和现场情况，发现疑问要予以复查核实确认，必要时要照相及摄像，避免出现争议后没有解决问题的依据。

③审核工程签证时双方易出现分歧，因此要注意审查签证手续是否齐全、签字是否有效等细节情况，避免计算错误。

④整理好相关资料，包括设计变更、往来函件、会议纪要等，尤其要做好隐蔽工程原始凭证的整理，以这些资料为依据进行费用计算。

四、加强结余资金管理

结余资金是指项目竣工结余的建设资金，应根据上级主管部门有关规定进行处置。如山西省财政厅晋财建〔2015〕157 号文件规定，自 2015 年 9 月 14 日起，项目竣工后如有结余，按照项目资金来源属于财政资金的部分，应当在项目竣工验收合格后 3 个月内，按照预算管理制度有关规定收回财政。

第五节　竣工决算

为了简化工程管理程序，提高管理效能，建议高标准农田建设项目实行田间工程跟踪复核(田间工程审核)的办法，把控工程质量，提高工程款拨付进度，实现设计单位、施工单位、监理单位、复核单位和建设单位等五方同步。建设单位从外业施工起，规范委托有资质的测量造价咨询机构对田间工程的"质和量"进行审核，复核结论待建设单位确认后进行资金拨付，整体完工后复核合格即可开展财务决算。

一、田间工程审核报告

(一)基本情况

田间工程基本情况包括项目概况、建设地点、审核的内容、设计单位、监理单位、施工单位、招标代理机构、开工竣工日。

(二)工程概况

具体施工地点和工程内容、规模。

(三)审核的依据

审核的依据包括造价审核的法律、规范、定额标准、价格依据、招标投标文件、施工合同、施工图、送审的工程结算书、竣工图、实际工程量的计算及确定依据等。

(四)审核的程序

造价咨询机构应有规范、严谨的审核程序，其中必须有"施工现场实地考察，工程量全面核实"的审核程序。

(五)审核的结果

说明送审情况，核增核减情况，审定结果，核增核减的主要原因，审定结果与合同约定内容的差异分析等。

(六)附件

附件包括:①工程造价咨询审核定案表。②结算审核对比表。一份工程结算书一份对比表,将送审的工程结算书逐条逐项检查,分析核增核减原因,核定、细化施工标准。③审定后的结算书。每份工程结算书都必须有结算总值汇总表,且工程量和价值应细化到村。

二、竣工财务决算

(一)竣工财务决算基本原则

(1)工程竣工结算:必须在各单项工程已经过设计单位、施工单位、监理单位和建设单位等四方验收合格后方能进行。对于未完工程或质量验收不合格者,一律不得办理竣工结算。

(2)工程竣工结算的双方,应按照国家颁发的各项造价文件及相关的法律法规执行。

(3)一定要坚持实事求是的态度,在公平合理的前提下完成。

(4)严格按照合同条款,包括双方根据工程实际情况共同确认的补充条款。共同严格执行双方据以确定合同造价(包括综合单价、工料单价及取费标准和材料设备价格等)的计价方法,不得随意变更。

(5)办理竣工结算,必须保证资料齐全,依据充分,保证竣工结算建立在事实基础上,防止走过场或虚构事实的情况发生。

(二)决算前准备

(1)整理归集财务资料及其他相关档案,明确编制竣工财务决算的依据。财务资料包括批复文件,资金下达计划,记账凭证,原始凭证,账簿,合同,工程预、结算书,工程审核报告,有关财务核算制度、财务年度报表等资料。其他相关档案包括可行性研究报告,初步设计,实施方案,造价及招标投标资料,设计、施工、供货、监理等各项合同。

重点检查质保金发票是否入账。审定后的工程结算书是否入账。

(2)认真、全面、彻底开展各项清理工作。盘点各类项目财产物资,对施工现场和库存设备、机具、材料物资逐项清点核实。清理债权债务,及时收回应收款,及时偿还应付款,按照合同约定合理保留质保金,做到账账、账证、账表、账实相符。

(三)决算时要求

在编制项目竣工财务决算时,按照基本建设财务规则的要求确认待核销基建支出、结转交付使用资产和转出投资。

(1)待核销基建支出:项目发生的部分工程措施和农艺措施不能形成固定资产的支出,包括平田整地、田畦整治、坡地改造、修筑土埂、开挖临时性小型沟渠、土壤改良、培肥地力等不能形成资产的支出,以及项目未被批准、项目取消和项目报废前已发生的支出。土壤改良和培肥地力具体措施包括客土改良、加厚耕作层、秸秆还田、测土配方施肥,施用抗旱保水剂、硫酸亚铁、精制有机肥或畜禽肥、种植绿肥等。

(2)交付使用资产:形成资产产权归属本单位的,计入交付使用资产价值。

(3)转出投资:形成资产产权不归属本单位的,归属其他单位的,作为转出投资处理。界定项目是否属于交付使用资产还是转出投资,主要是以产权是否转移为依据。

（4）待摊投资的摊销：项目建设单位应当按照规定将待摊投资支出按合理比例分摊计入交付使用资产价值、转出投资价值和待核销基建支出。

（四）竣工财务决算报告

竣工财务决算报告包括以下几部分：

（1）项目概况。原文引用批复文件的内容。

（2）项目建设管理制度执行情况、政府采购情况、合同履行情况、会计账务处理情况。

（3）项目建设资金计划及到位情况，财政资金支出预算、投资计划及到位情况，明确在决算截止日（×年×月×日），是否足额到位。

（4）项目建设资金使用情况。明确在决算截止日（×年×月×日），资金的支付方式、支付方向、金额，发票是否足额开具，有无留质保金。

（5）项目投资完成情况，概（预）算执行情况及分析，竣工实际完成投资与概算差异及原因分析；预备费动用情况。

（6）项目账面资金结转情况，包括结余资金和应付账款情况，财产物资清理及债权债务的清偿情况。

（7）尾工工程情况。

（8）历次审计、检查、审核、稽查意见及整改落实情况。

（9）主要技术经济指标的分析、计算情况。

（10）项目管理经验、主要问题和建议。

（11）征地拆迁补偿情况、移民安置情况。

（12）需说明的其他事项。

（13）附件。竣工财务决算报表（格式参考附录二）、投资完成情况对照表。

第六节　项目审计

高标准农田建设项目审计是指审计机构依照国家有关法律法规，对工程建设项目从立项至竣工验收各阶段的真实性、合法性、合规性和效益性进行的监督、评价和建议。可以由政府审计部门或者有资质的第三方审计机构进行，要求田间工程质量审核单位和审计单位不得重复。

一、审计内容

工程建设项目审计的主要内容包括投资立项、勘察设计、招标投标、合同管理、工程物资、施工过程管理、工程造价、工程财务及工程绩效等。

（一）投资立项审计

投资立项审计是指对工程建设项目预可行性研究阶段、可行性研究阶段及立项决策环节各项工作的程序履行、质量及绩效等进行的审计监督与评价。

主要审查和评价项目的决策程序和可行性研究报告的真实性、完整性和科学性等。

该环节可能存在的突出问题：为顺利立项虚构数据或夸大项目收益率。

(二)勘察设计审计

勘察设计审计是指对工程建设项目的勘察设计阶段各项工作质量及绩效进行的审计监督与评价。

主要审查和评价勘察设计环节内部控制及风险管理的适当性、有效性,勘察、设计资料的真实性、充分性和可靠性,各设计阶段管理活动的真实性、合规性和效益性。主要审计内容包括勘察及初步设计管理、施工图设计管理、设计变更管理、设计文件管理等。

该环节可能存在的突出问题:未到现场勘察凭想象或经验做勘察报告、设计深度不够、设计变更多、部分设计存在还未投入使用即将落后或淘汰的现象。

(三)招标投标审计

招标投标审计是指对工程建设项目的勘察、设计、施工、监理、检测、物资采购等招标程序、质量、绩效进行的审计监督与评价。

主要审查和评价招标投标环节的内部控制及风险管理的适当性和有效性,招标投标资料的完整性和可靠性,招标投标过程及结果的真实性、合法性、合规性等。主要审计内容包括招标投标程序、招标投标文件、资质管理、标底文件及开标、评标、定标,可不招标、邀请招标、谈判的原因及支撑性材料等。

该环节可能存在的突出问题:限制或排斥潜在投标人、弄虚作假投标或骗标、招标人与投标人串通投标或投标人围标。

(四)合同管理审计

合同管理审计是指对工程建设项目有关合同内容及其管理工作质量、绩效进行的审计监督与评价。

主要审查和评价合同管理环节的内部控制及风险管理的适当性和有效性,合同条款的合理性、完整性、公平公正性,合同的签订、履行、变更、终止的真实性、合法性、合规性。主要审计内容包括合同管理制度、各类合同文件、合同变更与履行,合同签订内容与招标文件的符合性等。

该环节可能存在的突出问题:阴阳合同、转包或违法分包、质量安全及环保方面。

(五)工程物资审计

工程物资审计是指对工程物资在采购和收、发、存环节各项工作质量及绩效进行的审计监督与评价。

主要审查和评价工程物资管理的内部控制及风险管理的适当性和效益性,采购资料依据的真实性、充分性与可靠性,工程物资采购活动的真实性、合规性、有效性。主要审计内容包括采购程序、采购计划、采购合同、采购费用、物资价格,验收、检测、入库、出库、保管及维修制度与执行、剩余物资管理等。

该环节可能存在的突出问题:物资的质量问题、剩余物资超过额定比例、供应商之间物资互串、进口设备改国产设备等。

(六)施工过程管理审计

施工过程管理审计是指对工程建设项目施工过程管理进行的审计监督与评价。

主要审查和评价施工管理、控制及风险管理的适当性和有效性,文件、资料完成的及时性、真实性和完整性,工程质量、进度、安全、环保、监理、质检等工作的真实性、合规性和有效性。主要审计内容包括施工管理制度建立与执行,施工、监理、检测等机构及人员的资质,项目管理机构等单位和相应人员履职情况,工程进度、质量、投资、安全和环保等控制情况。

该环节可能存在的突出问题:工程进度严重滞后超工期现象、施工安全管理问题、监理履职不到位、检测应检未检现象、人员资质达不到最低要求等。

(七)工程造价审计

工程造价审计是指对工程建设项目各阶段投资进行的审计监督与评价。

主要审查和评价工程投资的真实性、准确性、合规性和合理性。主要审计内容包括造价管理制度,投资控制目标,投资估算、概算、预算、工程结算编制和计价依据,总分包、监理、造价咨询等单位工程结算,包括设备及材料价格、合同价款、工程量计算、定额套用、间接费取费标准(取费基数、费率计取等)等。

该环节可能存在的突出问题:工程量(特别是隐蔽工程)计算不准确,取费及定额套用不准确、不合规,工程结算未按照合同约定的条款进行。

(八)工程财务审计

工程财务审计是指对工程建设项目财务管理、核算进行的审计监督与评价。

主要审查和评价资金来源、使用及其账务处理的真实性、准确性、合法性、合规性。主要审计内容包括财务管理制度、资金筹措、资金管理与使用、财务管理、成本归集与核算等。

该环节可能存在的突出问题:工程费用未完整入账、将不应列入本建设项目成本的开支列入建设成本、挤占、待摊投资的归集与分配有误、其他投资的列支有误。

(九)工程绩效审计

工程绩效审计是指对工程建设项目自立项至运营投用全过程资源使用和管理绩效进行的审计监督与评价。

主要通过及时发现项目投资建设和运营管理各阶段中存在的问题,从经济性、效益性和效果性对工程建设项目进行评价,揭示存在的薄弱环节和潜在风险,促进完善项目立项决策机制和实现预期效果。

该环节可能存在的突出问题:与工程设计、概算预定的目标相比,部分关键指标未实现。

二、审计报告

至少要做到以下"五个必须":

(1)必须是针对本项目竣工财务决算的专项审计报告。不得以建设单位的年度预算执行情况的审计报告或领导离任审计报告替代。

(2)必须进行必要的实地查看与核实等审计程序。

(3)必须在报告中确认形成的资产价值和待核销基建支出。

(4)必须明确在审计截止时间之日的账面资金数额,明确结余资金、结转资金,明确质保金和待支资金的方向和金额。

(5)必须有明确的审计评价或结论。

合格的审计报告评价中应该有"经审计,该单位对建设项目的财务管理,做到了专项核算,专款专用,严格按照下达的投资计划和批复执行,未发现截留、挤占、挪用基本建设资金"等关键词。

第七节　档案资料管理

高标准农田建设档案管理主要包括数据库管理及文件资料管理两部分。

一、数据库管理

数据库管理要求各县(市、区)登录全国农田建设综合监测监管平台,及时对项目信息进行录入,内容主要包括申报审批、组织实施、竣工验收3个方面。其中,申报审批包括项目申报、立项批复和实施计划批复;组织实施包括开工令信息、进度报告、竣工信息。数据库管理内容详见本章第十节上图入库。

二、文件资料管理

文件资料管理按照项目实施阶段可以分为:立项审批阶段资料、项目实施阶段资料、项目验收阶段资料(有关表格参考附录三)。

(一)立项审批阶段资料

立项审批阶段资料应包括立项审批阶段省、市相关文件,项目县进行立项选址,编制初步设计以及评审批复全过程资料。包括省级主管部门下达资金及任务文件,土地利用现状图、不重复建设证明、取水许可、环保备案、一事一议会议纪要、项目区农户清册,设计单位招标投标及公示资料,初步设计文本、预算、图纸,评审资料,批复文件等。

(二)项目实施阶段资料

1. 招标投标资料

项目县应该在招标工作完成后要求招标代理单位提供完整的招标投标材料,主要包括招标代理单位资质及签订合同、投标单位相关资料、招标投标的书面总结报告、中标通知书及合同。

2. 施工资料

施工资料主要包括施工组织设计,施工日志(要有施工时间、施工地点、施工内容、施工人员、施工机械、施工量等内容),单元、分部、单项工程质量评定,全部工程竣工总结,工程结算书及工程竣工图等。

3. 监理资料

监理资料主要包括监理规划,监理日志,单元、分部、单位工程检验报告单,材料检验报告单,设备合格证明书,隐蔽工程检验记录,试验(试水、出水等)记录,监理报告。

4. 合同资料

项目实施阶段全部合同。

5. 影像资料

影像资料应该包括项目从立项到验收全过程,包括重大会议、外业及内业管理、单项工程、公示等内容。其中,单项工程需要拍摄在固定参照物下,施工前、中、后三个环节对比照片,特别要展示施工过程及隐蔽工程的照片,并附说明:时间、地点、事件三要素;工程总结汇报片(影像或 PPT)。

6. 财务资料

财务资料包括批复文件,资金下达计划,记账凭证,原始凭证,账簿,合同,工程预、结算书、工程审核报告,有关财务核算制度、财务年度报表等资料。

7. 其他资料

实施阶段资料还应包括以下资料:项目农户情况调查与实施效果评价表(表样见附录四),项目形成的固定资产清册,管护协议,固定资产管理使用办法以及用户评价,农艺机械作业和农资物质发放农户签字清册(要受益农民身份证、本人签字、手印三要素齐全),项目建设大事记,项目建设重要事项会议记录资料,耕地质量评价报告等。

(三)项目验收阶段资料

(1)单项工程验收报告。

(2)田间工程审核报告。施工单位做竣工结算之后,项目建设单位支付最后一笔工程进度款之前,由项目建设单位委托工程造价咨询机构,经过审核有关资料和实地查验之后,出具审核报告,应包括基本情况、工程概况、审核的依据、审核的程序、审核的结果、附件等六部分内容。

(3)财务决算报告。包括:①项目概况;②资金到位情况:明确决算截止日(×年×月×日),资金到位情况,是否足额到位;③资金使用情况:明确在决算截止日(×年×月×日),资金的支付方式、支付方向、金额,发票是否足额开具,有无留质保金;④投资完成情况:包括投资完成情况,确认形成的资产,与资金计划的对照分析情况(后附对照表,分析增减原因);⑤账面结转资金及待支资金分配的情况,债权债务情况;⑥资金管理及会计账务的处理情况;⑦其他需说明的事项;⑧附件,包括竣工财务决算报表、投资完成情况对照表。

(4)审计报告。至少要做到"五个必须":一,必须是针对本项目竣工决算的专项审计报告;二,必须进行必要的实地查看与核实等审计程序;三,必须在报告中确认形成的资产价值;四,必须明确在审计截止时间之日的账面资金数额,明确结余资金、结转资金,明确质保金和待支资金的方向和金额;五,必须有明确的审计评价或结论。

(5)项目建设单位初验报告。

(6)成果资料。包括:①项目工作报告;②项目勘测设计工作总结;③项目工程监理工作报告;④项目技术报告;⑤项目田间工程审核报告;⑥项目资金使用与竣工决算报告;⑦项目审计报告;⑧耕地质量评价报告;⑨项目建设单位初验报告(专家签字和工程质量完成情况描述);⑩工程报备资料;⑪向批复单位提交验收申请等。以上报告应按照规定的格式写,并且应体现该项目的建设内容,具有唯一性,不能泛泛而谈、流于形式。

(7)项目验收合格文件和证书。

三、工作报告编写提纲

工作报告应包含以下 8 个方面的内容:

（1）前言。项目建设的目的意义及由来、取得的主要成果概述。

（2）项目区基本情况、农业生产中存在的问题。

（3）项目建设内容及其完成情况。包括项目批复情况、建设情况及变更说明。

（4）项目取得的主要成果。包括农田基础设施及农业生产条件改善、土壤理化性状变化及肥力提高、农业综合生产能力提高及农民科技素质提高等情况。

（5）项目管理情况。包括组织管理、建设管理(履行法人制、招标投标制、公示制、工程监理制、合同制"五制"执行情况)、资金管理、技术管理、资产管理及档案管理等情况。

（6）项目所产生的经济效益、生态效益、社会效益。

（7）主要经验、问题及建议。

（8）大事记。从项目立项到项目完成所有的组织技术活动。

四、技术报告编写提纲

技术报告应包含以下8个方面的内容：

（1）主要技术内容概述。

（2）主要技术规程或规范。

（3）主要技术模式实施面积及其效果。包括改土培肥效果，增产增收效果，节水、节肥、节地效果，主要技术活动产生的影响，农民对新技术的了解、应用程度等。

（4）主要技术指标计算方法。

（5）主要技术数据采集分析表。

（6）主要问题(包括技术和产品两个方面)。

（7）主要技术应用前景。

（8）有关附表。包括：①项目区农户实施情况调查与评价表(不同技术模式的代表性农户)；②不同示范观察点基本情况记载表(每个示范观察点填一张表)及不同示范观察点作物生长情况观察记载(常规管理和改良措施两个处理每一生长阶段生长情况、测产记录等)；③实施前后土壤养分分析数据对比及测土配方施肥有关数据资料；④土壤改良其他有关情况记载表。

第八节　调整变更和工程签证

一、调整变更

调整变更是在项目实施过程中，需要对已批复的初步设计有关内容进行的调整，包括项目建设内容调整、项目建设地点调整。项目调整变更应按照上级主管部门有关规定执行，如《山西省农业农村厅关于进一步明确农田建设项目调整有关事项的通知》(晋农建发〔2020〕11号)等。

项目建设内容调整是由于各种原因引起的项目单项工程措施的任务量变化、设计变更、资金调整等，包括单项工程的位置、数量、资金、材料品质、设备型号等的调整以及原设计中的缺项、漏项等。

项目建设地点调整包括项目区位置变化、涉及的行政村变化、各行政村建设面积发生变化或单项工程地点发生较大变化进行跨村调整等。

造成变更的原因主要包括以下几方面：

(1)业主原因：工程规模、使用功能、工艺流程、质量标准的变化，以及工期改变等合同内容的调整。

(2)设计原因：设计错漏、设计调整或因自然因素及其他因素而进行的设计改变等。

(3)施工原因：因施工质量或安全需要变更施工方法、作业顺序和施工工艺等。

(4)监理原因：监理工程师出于工程协调和对工程目标控制有利的考虑，而提出的施工工艺、施工顺序的变更。

(5)合同原因：原订合同部分条款因客观条件变化，需要结合实际修正和补充。

(6)环境原因：不可预见自然因素和工程外部环境变化导致工程变更。

(一)项目调整的原则

项目实施应当严格按照年度实施计划和初步设计批复执行，不得擅自调整或终止。因客观原因确需调整的，按照因地制宜、实事求是，通盘考虑、一步到位，任务不减、标准不降的原则进行，并按相关文件、规范、程序和职能权限分级执行。

(二)项目调整的条件

在项目实施过程中，有下列情况发生的，可以提出项目调整：

(1)因客观条件发生变化，项目设计不能满足工程实施要求，需对项目设计进行优化和改进的。

(2)因国家重点工程建设、生态环境保护、文物古迹等原因，需对设计进行调整的。

(3)地方政府及相关部门对项目区进行了部分工程建设，为避免重复建设和投资的。

(4)因不可抗拒的自然灾害以及其他不可预见因素的影响，需要对设计进行调整的。

(三)项目调整的权限

1. 权限

项目单项工程的任务量增减变化低于原任务量10%，且项目初步设计调整涉及的财政资金累计在100万元以下的，由县级农业农村部门按照规定程序自行确定。

项目单项工程的任务量增减变化超过原任务量10%(含10%)，或项目初步设计调整涉及的财政资金累计在100万元以上(含100万元)，以及建设地点的调整由原初步设计审批部门进行审批。

2. 单项工程概念

单项工程是对应批复文件《高标准农田建设项目任务和投资核定表》中二级项目，即具有独立施工(实施)条件并能独立发挥功能的建筑物或工程项目。其对应的任务量即为原任务量(批复的任务量)，调整后单项工程任务量发生变化的，只计算单项工程增加或减少的任务量；调整后该单项工程任务量无变化的，仅计算相应投资变化。

3. 项目初步设计调整涉及的财政资金金额

项目初步设计的总投资原则上不能调整，确需增加投资，由县级财政资金或自筹资金解决。项目调整涉及的财政资金金额计算的方法为先计算单项工程调整涉及金额，再计算项目调整涉及金额。

单项工程调整金额按以下方法确定：

（1）增加或取消某项单项工程，调整金额为该单项工程的整个投资额。

（2）单项工程的任务量或单位造价或建设材质等发生变动导致投资发生变化，其调整金额为前后投资的差额。

（3）单项工程的任务量发生变动，但投资不变，其调整金额为任务量变动的数额乘以调整前的单位造价。

（4）单项工程的任务量的投资额不变，但实际施工过程中对个别建设内容进行了微调，微调涉及的投资额可不计入调整金额中，由四方签证即可。

各单项工程调整金额计算出来后，将需增加的投资额和需减少的投资额分别累加，取两者其一（不叠加计算，只计算增加值或减少值），再加上投资不变但单项工程任务量发生变化涉及的调整金额。

（四）项目调整的程序

1.县级农业农村部门自行调整程序

（1）需组建建设单位、设计单位、监理单位、施工单位四方共同论证项目调整的必要性和可行性，并出具意见。

（2）涉及项目区群众切实利益的，要征求村民意见。

（3）按照"三重一大"的要求集体决策，形成会议纪要。

2.原初步设计审批单位审批程序

（1）县级农业农村部门按照上述程序研究确定，以正式文件向市级农业农村部门提出申请。

（2）市级农业农村部门根据县级农业农村部门的申请，经实地考察情况属实的，属于市级审批的，由市级农业农村部门组织评审论证后审批，并报省农业农村厅备案；属于省级审批的，市级农业农村部门提出审查意见，以正式文件向省农业农村厅提出项目调整申请，并附相关材料。

（3）属于省级审批的，省农业农村厅根据市级农业农村部门报送的相关资料组织评审论证进行审批，报农业农村部备案。

（4）项目建设地点调整经批复后，县级农业农村部门应及时将项目建设地点调整的决定正式通知项目实施单位和项目区群众，说明项目建设地点调整的理由，并做好相关工作。

（五）项目调整审批应提交的材料

（1）项目建设内容调整应附建设单位、设计单位、监理单位、施工单位四方共同签署的意见。

（2）项目调整凡涉及项目村群众切实利益的，应附村民"一事一议"意见。

（3）报原初步设计审批单位审批的，需附县级农业农村部门申请文件，项目调整后的初步设计或调整方案及相关材料，必要时附项目所在地乡镇、村的意见。

项目调整申请文件要说明调整的原因、依据。项目调整前后建设任务和资金的对比情况表应作为附件一同上报。

（4）附件：高标准农田建设项目调整部分建设内容方案表。

(5)审批部门审核意见。

(六) 其他要求

(1)项目建设内容调整增加的投资可使用不可预见费。不可预见费的使用按照项目调整的审批权限和程序进行审批。项目调整确需使用不可预见费的,需相应调减"其他费用"。如项目调整中既有调减投资的措施又有增加投资的措施,需增加的投资优先用调减的投资进行调整,不足部分使用不可预见费。不可预见费有结余的按照结余资金有关规定办理。

(2)因项目调整造成资金投入不足的,需申请县级财政资金或自筹资金解决。资金投入有结余的,按照财政部关于结转结余资金管理的有关规定办理。县级财政增加投资的,需附县级财政配套承诺文件。

(3)项目初步设计批复后,因投资审核和项目招标投标等产生的暂无明确使用方向的节约资金,在建设期内继续用于原项目区建设的,按项目调整的审批权限和程序进行审批。

(4)项目调整方案或重新编制的初步设计文件原则上由原设计单位编制。对原设计编制单位已注销或无能力承担编制的,可依据合同通过书面通知或公告送达等方式确认后,另选具有相应资质的设计单位承担相应编制工作。

(5)项目调整所需的专家评审费由各县从项目管理费中支付,项目评审费的标准按照省级有关部门规定执行,如《山西省财政厅关于省直机关行政性经费支出有关问题解释的通知》(晋财行〔2020〕25 号)。

(6)项目调整后的建设期限原则上为批复的项目建设期限。项目调整申请日期超出项目批复的建设期,不予调整变更。

二、工程签证

(一) 概念

工程签证是指施工过程中出现与合同规定的情况、条件不符的事件时,针对施工图纸、设计变更所确定的工程内容以外,预算中未包含,而施工过程中确须发生费用的施工内容所办理的签证(不包括设计变更的内容)。

1. 现场经济签证

现场经济签证包括以下几方面:

(1)零星用工。施工现场发生的与主体工程施工无关的用工,如定额费用以外的搬运拆除用工等。

(2)零星工程。

(3)临时设施增补项目。

(4)隐蔽工程签证。

(5)窝工、非施工单位原因停工造成的人员、机械经济损失。如停水、停电,业主材料不足或不及时,设计图纸修改等。

(6)议价材料价格认价单。结算资料汇编规定允许计取议价材差的材料,需要在施工前确定材料价格。

(7)其他需要签证的费用。

2. 工程签证和工期签证

工程签证和工期签证包括以下几方面：

(1)停水、停电签证。

(2)非施工单位原因停工造成的工期拖延。

(二)签证原则

(1)准确计算。如工程量签证要尽可能做到详细、准确计算工程量,凡是可明确计算工程量套综合单价(或定额单价)的内容,一般只能签工程量而不能签人工工日和机械台班数量。

(2)实事求是。如无法套用综合单价(或定额单价)计算工程量的内容,可只签所发生的人工工日或机械台班数量,但应严格把握,实际发生多少签多少,不得将其他因素考虑进去以增大数量进行补偿。

(3)及时处理。现场签证不论是承包商,还是业主均应抓紧时间及时处理,以免由于时过境迁而引起不必要的纠纷,且可避免现场签证日期与实际情况不符的现象产生。

(4)避免重复。在办理签证时,必须注意签证单上的内容与合同承诺、设计图纸、预算定额、费用定额、预算定额计价、工程量清单计价等所包含的内容是否有重复,对重复项目内容不得再计算签证费用。

(5)废料回收。因现场签证中许多是障碍物拆除和措施性工程,所以凡是拆除和措施性工程中发生的材料或设备需要回收的(不回收的需注明),应签明回收单位,并由回收单位出具证明。

(6)现场跟踪。为了加强管理,严格控制投资,凡是费用数额较大(具体额度由业主根据工程大小确定)的签证,在费用发生之前,承包商应与现场监理人员及造价审核人员一同到现场察看。

(7)授权适度。分清签证权限,加强签证管理,签证必须由谁来签认,谁签认才有效,什么样的形式才有效等事项必须在合同中予以明确。

(三)签证注意问题

现场签证不可避免,它不仅在单位工程中影响工程成本,而且在工程造价管理中存在着"三超"的隐患。因此,加强现场签证管理,堵塞"漏洞",把现场签证费用缩小到最小限度,应注意以下问题:

(1)现场签证必须是书面形式,手续要齐全。

(2)凡预算定额内有规定的项目不得签证。

(3)现场签证内容应明确,项目要清楚,数量要准确,单价要合理。

(4)现场签证要及时,在施工中随发生随进行签证,应当做到"一次一签证""一事一签证",及时处理。

(5)甲、乙双方代表应认真对待现场签证工作,提高责任感,遇到问题双方协商解决,及时签证,及时处理。

(四)签证应避免的问题

(1)应当签证的未签证。有一些签证,如零星工程、零星用工等,发生的时候就应当及时办理。有很多业主在施工过程中随意性较强,施工中经常改动一些部位,既无设计变更,也不办现场签证,到结算时往往发生补签证困难,引起纠纷。还有一些施工单位不清楚哪些费用需要签证,缺乏签证的意识。

(2)不规范的签证。现场签证一般情况下需要业主、监理、施工单位三方共同签字、盖章才能生效。缺少任何一方都属于不规范的签证,不能作为结算的依据。

(3)违反规定的签证。有些业主没有配备专业工程投资控制人员,不了解工程造价方面的有关规定,个别施工单位就采取欺骗的手段,获得一些违反规定的签证。这类的签证也是不能被认可的。

三、资料收集

工程实施阶段应重视并规范有关调整变更、签证基础资料的收集、整理工作,结合具体分工指定有关资料的收集负责人、汇总负责人、分析负责人。需要收集的资料包括施工日志、往来信件、气象资料、备忘录、会议纪要、工程进度计划、工程现场照片及音像资料、工程报告、设计图纸、材料合同证明文件、成本核算资料、报价资料、询价资料等。

第九节　工程调度

高标准农田建设调度工作是部、省、市、县四级农业农村部门逐级报送汇总,最终由农业农村部农田建设管理司汇总报送国务院的一项重要工作,直接反映了全国高标准农田建设工作的总体情况。山西省运城市高标准农田建设按照部、省要求实行调度及动态台账管理工作。

一、程序及时间要求

(1)人工报备:每月月底前由县农业农村局对当月工程进展情况进行统计,向市农业农村局以红头文件报送该县调度情况,市农业农村局进行汇总并按时向省农业农村厅报备。

(2)系统报备:县级在全国农田建设监测监管平台中填报"农田建设项目定期调度表",市级进行审核并提交。

二、内容要求

调度内容应根据省农业农村厅要求填报,调度报告一般应包括以下内容:

(1)工程进展情况:分年度填报建设任务,完成情况,工程整体进展情况。

(2)当月工作情况:建设单位组织、培训、监管等工作情况,施工监理单位工作进度情况等。

(3)下一步打算。

三、其他要求

(1)填报内容真实可靠。

（2）数据注意标准统一，逻辑性正确，不可出现前后矛盾现象。

（3）报送材料要严格按照时间要求，确保内容质量。

第十节　上图入库

一、系统要求

通过登录全国农田建设监测监管平台中项目管理模块填报项目申报、审批、实施、竣工、验收等各阶段数据，以及申报、竣工、验收三个阶段的地块空间坐标。后续年度立项的高标准农田建设项目，从项目申报起同步在线填报。

（一）硬件环境

CPU：i5 或者更高；内存：4 G 以上；硬盘容量：至少 250 G。

（二）软件环境

操作系统：Windows 7 及以上系统；浏览器：谷歌浏览器或 360 浏览器（极速模式）；Office 环境：Microsoft Office 2010 及以上版本。

二、主要内容

（一）项目申报

项目申报包含项目基本信息、项目区现状照片（3~5 张）、耕地质量等级数据、初步设计图、建设内容情况表、预期效益表、重点支持领域任务和投资情况表、项目地块空间坐标等。

（二）项目审批

项目审批包含专家评审意见和项目批复文件。

（三）项目备案

项目备案包含项目备案所要求的各类表格。

（四）项目开工

提供监理单位的项目开工令。

（五）项目竣工

项目竣工指上传项目竣工后地块空间坐标，如竣工阶段和申报阶段的地块空间坐标一致，可以直接引用申报阶段坐标，无须重复提交。

（六）日常调度

日常调度指项目调度情况数据，省级调度表需盖章后上传电子版（PDF 或图片）。

（七）项目验收

项目验收包含项目验收阶段基本信息、竣工验收报告、建设后项目区照片（3~5 张）、耕地质量等级数据、建设内容情况表、预期效益表、重点支持领域任务和投资情况表，以及项目竣工后地块空间坐标，如验收阶段与竣工阶段的地块空间坐标一致，可以直接引用竣工阶段坐标，无须重复提交。

三、项目申报信息填报

(一)流程

(1)在系统中新建项目,首先在【基本信息】页面,填写项目名称、项目编号、立项年度、地形地貌、项目区耕地质量等级、建设面积(其中高效节水灌溉面积、投资估算、是否"三区三州"和是否贫困地区由系统根据区划属性自动判断)、建设的地址和内容等相关基础信息。

(2)在【报表信息】页面,按照项目的实际计划情况,填写"任务和投资情况表""预期效益表""重点支持领域和任务情况表",报表信息可以通过套表导入方式进行批量导入,填报完成后对当前所填报表或所有报表进行校验,校验不通过会有相应的提示说明和定位标红显示,自动定位到数据错误位置。

(3)在【附件信息】页面,上传项目初步设计文件、项目设计图、建设前照片、概算书和其他文件,其中项目初步设计文件、项目设计图为必填项。

(4)在【地理信息】页面,对项目所在地理位置信息进行导入,附件上传格式为.shp或.txt,地理信息文件导入成功后,要通过系统对上传的地理信息坐标进行基准的校验。

(5)在项目状态为"申报阶段-新增"时,如果有项目信息需要调整,可以对当前的项目信息进行修改,如基本信息、报表信息、附件信息、地理信息等。

(6)在【资金管理】页面打开"高标准农田建设项目资金投入情况表",县级根据所有项目的实际资金投入情况进行填写。

(7)县级同时可在【项目总体情况】页面中查看所有项目的摘要信息和报表信息,并进行上报。汇总上报后,项目阶段显示为"申报阶段-市级待审核"。

(二)注意事项

(1)新增的项目名称不能重复。

(2)项目编号会自动生成。

(3)是否为"三区三州"和"贫困地区"是由系统根据区划属性自动判断的。

(4)报表中带有"—"的单元格不需填写。

(5)灰色的单元格为合计项,由系统自动计算生成。

(6)填写时,需注意计量单位,如亩、万亩、万元、百分比、个、座、千米、米、户、台。

(7)套表导入时,不要修改模板中的格式。

(8)报表存在基本的校验公式,具体详见报表信息中的公式说明。

(9)附件上传时需注意上传数量和上传文件格式。

(10)资金投入情况表中的投资额与县级所有需要申报项目的总投资额要保持一致。报表单位为万元。

(11)县级上报后的数据,如需要修改,可在市级未审核前进行撤销提交,修改后再上报。

四、市级审核及批复

(一)流程

(1)在【项目管理报表审核】页面,查看当前项目所有信息,如发现信息有误,选择退回,并填写审核意见,退回至县级。如项目信息审核无误,在【评审信息】页面上传"专家评审报告"后保存附件并填写审核意见后提交。审核完成后,项目阶段显示为"申报阶段-审批完成"。

(2)在【立项批复】页面填写基础信息,上传批复文件、批复项目进行保存,批复完成后,流程阶段显示为"完成"。

(二)注意事项

(1)市级退回县级上报的项目数据,必须填写退回意见。

(2)附件上传时需注意文件格式和数量。

(3)市级批复的项目必须是已审核通过的项目。

(4)附件上传时需注意文件格式和数量。

五、项目施工信息填报

(一)流程

(1)在【项目开工】页面选择开工日期,上传项目开工的文件后确认开工。

(2)由县级进行进度的填报,根据项目实际进度情况填写各项目,开工在建进度信息、建设完成面积和投资完成情况,内容应该与每月调度报告一致。填报完成后对当前所填报表进行校验,校验通过后将项目进度报告上报到市级。

(3)市级进入【进度管理查看】页面,通过选择报告月份,选择区划,可以查看到所选区划的进度报告。通过不同选项可以查看到本市级下面所有区(县)的进度上报情况、建设情况以及进度报告明细情况。

(二)注意事项

(1)上传的附件需注意文件格式和数量。

(2)进度的填报要正确选择进度报告月份。

六、竣工验收信息填报

(一)流程

(1)选择要竣工的项目进入【竣工信息编辑】页面。

(2)在【竣工信息】页面,填写竣工时间和备注信息,在【地理信息】页面上传项目竣工的地理信息文件,上传成功后,完成项目竣工确认,可以退回组织实施阶段。

(3)选择要竣工验收的项目,进入竣工验收信息填报页面,在基本信息页面,填写验收日期、验收说明和备注,在报表信息页面,根据项目的实际情况填写建设内容情况表和建设项目效益表,填报完毕对当前所填报表进行校验。

(4)在【竣工附件】页面,上传建设后图片、项目竣工图、结算资料、竣工报告、单项工程验收表(盖章)、实施总结报告、资金总结报告、资金结算报告、项目计划及计划调整批复文件、资金审计报告和其他文件,上传完成后保存,其中建设后图片、项目竣工图、结算资料、竣工报告、单项工程验收表(盖章)为必填项。

(5)在【地理信息】页面,上传项目验收时的地理信息文件,附件上传格式为.shp格式。

(6)在项目为竣工验收状态时,如果项目竣工信息需要调整,退回组织实施阶段,即可对竣工信息重新编辑。

(二)注意事项

(1)竣工时间不能早于开工时间。

(2)地理信息为竣工时的项目地理信息,如果和申报审批地理信息一致可直接引入申报阶段的地理信息。

(3)日期要大于或等于竣工日期。

(4)报表中带有"—"的单元格不需填写。

(5)灰色的单元格为合计项,由系统自动计算生成。

(6)填写时,需注意计量单位,如亩、万亩、万元、百分比、个、座、千米、米、户、台。

(7)报表存在基本的校验公式,具体详见报表信息中的公式说明。

(8)附件上传时需注意数量和文件格式要求。

(9)地理信息上传应注意是验收时的地理信息,如果和竣工时的地理信息一致可以直接复制。

(10)退回组织实施阶段可以从项目列表单击退回或者在竣工验收编辑页面退回。

七、竣工验收审核

(一)流程

(1)有审核权限的单位(省级或市级)进入【竣工验收】页面,查看当前项目所有信息,查看项目信息后,如发现信息有误,选择退回,并填写审核意见,当前项目将退回至县级。

(2)如项目竣工验收信息审核无误,上传"验收报告"和"其他文件"后保存附件。填写审核意见后,提交完成审核工作。

(二)注意事项

(1)市级退回县级上报的项目数据,必须填写退回意见。

(2)附件上传时需注意文件格式和数量。

八、实施计划调整信息申请

由县级完成项目实施计划调整的基本信息、报表信息、批复信息和附件信息后提交至省级。省级进行实施计划调整备案。

(一)流程

(1)县级进入实施计划调整项目选择界面,再进入计划调整编辑页面,按照项目的实际调整情况,填写项目的基本信息、"项目计划调整表",系统根据调整表的数据自动生成"计划调整方案表",报表信息里面的"项目计划调整表"数据填报好以后,可以在"计划调整方案表"里面查看调整部分建设内容。

（2）在【批复信息】页面,填写批复文号、批复日期,上传实施计划调整批复文件,在【附件信息】页面,上传相关实施计划调整附件文件,在【历史调整信息】页面中查看调整前后的数据和比例,确认无误后完成实施计划调整。

（二）注意事项

（1）实施计划调整只能对已经进行实施计划批复的项目进行调整。

（2）计划调整表填写时注意任务量和投资额减少的要填写"－"（负数）。

（3）报表中带有"—"的单元格不需填写。

（4）灰色的单元格为合计项,由系统自动计算生成。

（5）填写时,需注意计量单位,如亩、万亩、万元、百分比、个、座、千米、米、户、台。

（6）报表存在基本的校验公式,具体详见报表信息中的公式说明。

（7）附件上传时需注意上传数量和上传文件格式。

九、实施计划调整备案

（一）流程

（1）省级在【备案管理】菜单中新建实施计划调整备案。

（2）在【基本信息】页面填写备案名称、备案年度、备案说明,上传备案文件,选择需要备案的项目。

（二）注意事项

（1）上传的附件需注意文件格式和数量。

（2）备案项目默认为"已选择"状态。

（3）备案后的项目无法撤回。

十、项目终止申请

由县级提出项目终止申请,说明终止原因,上传相关终止文件并提交,提交后的终止项目由省级农业农村部门通过系统报农业农村部备案。

（一）流程

（1）进入选择【终止项目】页面,如果项目过多,可以通过输入项目的名称或者项目编号查询到项目。在要终止的项目前选中确认。

（2）在【基本信息】页面,填写终止原因、备注并保存。

（3）在【附件信息】页面,上传终止相关申请文件和其他文件并保存,其中终止相关申请文件为必填项。

（二）注意事项

（1）上传的附件需注意文件格式和数量。

（2）终止相关申请文件是必填项。

十一、项目终止备案

(一)流程

(1)省级在【备案管理】页面新建"项目终止备案"。

(2)在【基本信息】页面,输入备案名称、备案年度、备案说明、备案文件,选择备案的项目进行保存,完成项目终止备案工作。

(二)注意事项

(1)注意选择的备案年度。

(2)项目可以随时终止。

(3)上传的附件需注意文件格式和数量。

(4)备案项目默认为"已选择"状态。

(5)备案后的项目无法撤回。

十二、历史项目信息补录

在【历史项目补录】页面中,可以完成申报、竣工、验收信息的补录工作,具体流程及注意事项参照前面内容。

十三、空间坐标数据要求

(1)高标准农田建设项目地块拐点坐标数据格式为 Shapefile 图形数据,导入文件包含. shp、. shx、. dbf 和. prj 四个格式文件。

(2)生成的. shp 文件默认为 UTF-8 字符集。

(3)坐标数据统一使用 3°带,如果存在项目跨带的情况,按照度带将项目地块拆分为多个文件后导入系统,确保每个. shp 格式文件中只含有一个度带的地块信息。

第六章　评价验收及管护

第一节　耕地质量等级评价

　　高标准农田建设评价是运用特定的标准和方法,对高标准农田建设过程、结果的全部特征和价值进行综合判断的过程。评价内容主要包括建设任务、建设质量、建设绩效、建设管理、社会影响以及综合评价等。相关评价工作可参照《高标准农田建设评价规范》(GB/T 33130—2016)及上级主管部门有关规定来开展,对竣工项目与耕地质量相关的指标进行测定,分析耕地质量影响因素,编制《耕地质量等级调查评价报告》。本节根据《耕地质量等级》(GB/T 33469—2016)、《耕地地力调查与质量评价技术规程》(NY/T 1634—2008)、《耕地质量调查监测与评价办法》(农业部令 2016 年第 2 号)等有关规定,结合山西省运城市农业农村部门耕地质量评价的具体做法,重点概述高标准农田建设项目耕地地力与质量评价的方法步骤。

一、基本概念

(一)耕地质量

　　耕地满足作物生长和安全生产的能力,包括耕地地力、土壤健康状况等自然形成的,投资田间基础设施建设形成的,以及由气候因素、土地利用水平等自然和社会经济因素所决定的满足农产品持续产出和质量安全的要求。

(二)耕地地力

　　在当前管理水平下,由土壤本身特性、自然背景条件和基础设施水平等要素综合构成的耕地生产能力。

(三)土壤健康状况

　　土壤作为一个动态生命系统具有的维持其功能的持续能力,用清洁程度、生物多样性表示。清洁程度反映了土壤受重金属、农药和农膜残留等有毒、有害物质影响的程度;生物多样性反映了土壤生命力丰富程度。

(四)高标准农田建设耕地质量评价

　　耕地质量评价内容应与工程质量评价相结合,对项目区土壤、水资源和环境的综合支撑能力提升等方面进行评价,判定项目建设对耕地质量等级起到的积极作用,为高标准农田建设全面评价提供技术支撑。常用的评价方法包括文字评述法、专家经验法(特尔菲法)、模糊综合评价法、层次分析法、指数和法等。

二、耕地质量评价工作要点

(一)点位布设

根据《山西省农业农村厅办公室关于加强高标准农田耕地质量调查检测评价工作的通知》(晋农办建发〔2021〕66 号)要求,原有耕地平川区每 1 000 亩,山地丘陵区每 500 亩设立 1 个点位,新增耕地每 20 亩设立 1 个点位。点位样品收集要在取样区域采用"S"或"X"五点均匀混合定量确定,大田作物 0~20 cm 单点取样,蔬菜类经济作物 0~30 cm 单点取样,果类经济作物 0~30 cm、30~60 cm 同点位双层取样。上述点位布设必须进行 GPS 定位、编号,项目实施前后同点位分别取样送检。

(二)调查、采样和检测

对耕地质量监测点位的立地条件、土壤属性、农田基础设施和农业生产情况等进行调查。同时,采集监测点耕层土壤样品进行检测,内容包括:耕层厚度,土壤质地,土壤容重,土壤 pH 及有机质、全氮、有效磷、速效钾、缓效钾含量,盐碱耕地增加水溶性盐总量。检测方法按照《耕地质量监测技术规程》(NY/T 1119—2019)规定执行。耕地质量监测调查内容见表 6-1、表 6-2。土壤样品由各高标准农田建设承担单位自行检测或委托有资质的第三方检测机构、农业农村部创建的耕地质量标准化验室完成。

(三)建立县域耕地质量数据库

组织县级农业农村部门将土壤图、土地利用现状图、行政区划图叠加形成评价单元图(有条件时还应收集基本农田分布图、高标准农田建设分布图)。将评价单元图与耕地质量等级调查点位图、相关耕地质量性状专题图件叠加,采取空间插值、属性提取、数据关联等方法,为每一个评价单元赋值,实现评价单元属性数据与空间数据的匹配连接,形成集图形、属性为一体的县域耕地质量数据库。

(四)耕地质量等级评价

1. 确定建设前耕地质量等级

合理划分评价单元,调取县域耕地质量等级评价结果,确定建设前评价单元耕地质量等级。

2. 评定建设后耕地质量等级

根据全国综合农业区划,结合不同区域耕地特点、土壤类型分布特征(见 GB 17296),确定项目区分属区域和相应的二级区,如山西省运城市垣曲县、平陆县、芮城县等 3 县属于晋东豫西丘陵山地农林牧区,盐湖区、永济市、临猗县、万荣县、新绛县、稷山县、河津市、闻喜县、夏县、绛县等 10 县(市、区)等属于汾渭谷地农业区。

表 6-1　耕地质量监测点情况记录表

监测点代码：　　　　　　　　　　　　　　　　　　　监测年度：

统计项目			第 1 季	第 2 季
基本情况	作物名称			
	作物品种			
	生育期(d)			
	大田期	起始(年/月/日)		
		结束(年/月/日)		
	灌水总量(m³/亩)			
作物产量	无肥区	果实(kg/亩)		
		茎叶(kg/亩)		
	常规施肥	果实(kg/亩)		
		茎叶(kg/亩)		
施肥折纯量情况	有机肥	N(kg/亩)		
		P₂O₅(kg/亩)		
		K₂O(kg/亩)		
	化肥	N(kg/亩)		
		P₂O₅(kg/亩)		
		K₂O(kg/亩)		

耕层物理性状	处理	质地(国际制)		
		耕层厚度(cm)	容重(N/m³)	
	常规区			
	无肥区			

耕层化学性状	处理	测试项目					
		取样深度(cm)	pH	有机质(g/kg)	全氮(g/kg)	有效磷(mg/kg)	速效钾(mg/kg)	缓效钾(mg/kg)
	常规区							
	无肥区							

监测单位：＿＿＿＿＿＿＿　　　　　　　　　　　　　　填报人：＿＿＿＿＿＿＿

审核人：＿＿＿＿＿＿＿　　　　　　　　　　　　　　　填报日期：＿＿＿＿＿＿＿

注:填表说明详见《耕地质量监测技术规程》(NY/T 1119—2019)。

表6-2 耕地质量等级调查内容

项目		项目		项目		项目	
统一编号		地形部位		盐化类型		有效铜 (mg/kg)	
省(市)名		海拔		地下水埋深 (m)		有效锌 (mg/kg)	
地市名		田面坡度		障碍因素		有效铁 (mg/kg)	
县(市、区)名		有效土层厚度 (cm)		障碍层类型		有效锰 (mg/kg)	
乡镇名		耕层厚度 (cm)		障碍层深度 (cm)		有效硼 (mg/kg)	
村名		耕层质地		障碍层厚度 (cm)		有效钼 (mg/kg)	
采样年份		耕层土壤容重 (N/m³)		灌溉能力		有效硫 (mg/kg)	
经度(°)		质地构型		灌溉方式		有效硅 (mg/kg)	
纬度(°)		常年耕作制度		水源类型		铬 (mg/kg)	
土类		熟制		排水能力		镉 (mg/kg)	
亚类		生物多样性		有机质 (g/kg)		铅 (mg/kg)	
土属		农田林网化程度		全氮 (g/kg)		砷 (mg/kg)	
土种		土壤 pH		有效磷 (mg/kg)		汞 (mg/kg)	
成土母质		耕层土壤含盐量		速效钾 (mg/kg)		主栽作物名称	
地貌类型		盐渍化程度		缓效钾 (mg/kg)		年产量 (kg/亩)	

注:填表说明:

1. 本表格仅列出调查数据项,填报时按 Excel 格式录入。依据国家标准《耕地质量等级》(GB/T 33469—2016)附
录B,由各县根据相应耕地质量等级划分指标进行补充填写。中微量元素及重金属元素按样品量的10%进行

检测。

2. 统一编号：填写 19 位采样点编码，具体为采样点的邮政编码（6 位数字）+采样目的标识（1 位，字母，G：一般农化样，E：试验田基础样，D：示范田基础样，F：农户调查，T：其他样品，C：耕地质量调查样）+采样时间 yyyy-mm-dd（8 位数字，年 4 位，月 2 位，日 2 位，小于 10 的月日前面补"0"）+采样组（1 位，字母）+顺序号（3 位数字，不足 3 位在前面加"0"）。

3. 经纬度：根据 GPS 定位填写，保留小数点后 5 位，填报时统一转换为 1980 西安坐标系。

4. 土类、亚类、土属、土种：土壤分类命名采用全国第二次土壤普查时的修正稿（GB 17296），表格上记载的土壤名称应与土壤图一致。

5. 地貌类型：填写大地貌类型，山地、盆地、丘陵、平原、高原。

6. 地形部位：指中小地貌单元，填写山间盆地、宽谷盆地、平原低阶、平原中阶、平原高阶、丘陵上部、丘陵中部、丘陵下部、山地坡上、山地坡中、山地坡下。

7. 海拔：采用 GPS 定位仪现场测定填写，单位为 m，精确到小数点后 1 位。

8. 田面坡度：实际测定田块内田面坡面与水平面的夹角度数。

9. 耕层质地：填砂土、砂壤土、轻壤土、中壤土、重壤土、黏土。

10. 质地构型：按 1 m 土体内不同质地土层排列组合形式填写，分为薄层型、松散型、紧实型、夹层型、上紧下松型、上松下紧型、海绵型。

11. 生物多样性：通过现场调查土壤动物或检测土壤微生物状况综合判断，分为丰富、一般、不丰富。

12. 农田林网化程度：填高、中、低。

13. 盐渍化程度：根据耕层含盐量与盐化类型统一测算，填轻度、中度、重度、无。

14. 盐化类型：填氯化物盐、硫酸盐、碳酸盐、硫酸盐氯化物盐、氯化物盐硫酸盐、氯化物盐碳酸盐、碳酸盐氯化物盐。

15. 障碍因素：填盐碱、瘠薄、酸化、渍潜、障碍层次、无等。

16. 障碍层类型：1 m 土体内出现的障碍层类型。

17. 障碍层深度：按障碍层最上层到地表的垂直距离来填。

18. 障碍层厚度：按障碍层的最上层到最下层的垂直距离来填。

19. 灌溉能力：填充分满足、满足、基本满足、不满足。

20. 灌溉方式：填漫灌、沟灌、畦灌、喷灌、滴灌、无灌溉条件。

21. 水源类型：填地表水、地下水、地表水+地下水、无。

22. 排水能力：填充分满足、满足、基本满足、不满足。

3. 计算耕地质量等级综合指数

对应二级区评价指标、各指标权重（见表 6-3）、隶属度（见表 6-4）和隶属函数（见表 6-5）及耕地质量等级综合指数划分标准，开展耕地质量等级评价，计算耕地质量综合指数，划分耕地质量等级，并对建设前后耕地质量等级进行比较。

采用累加法计算耕地质量综合指数：

$$P = \sum (C_i \times F_i)$$

式中：P 为耕地质量综合指数；C_i 为第 i 个评价指标组合权重；F_i 为第 i 个评价指标的隶属度。

对比项目实施前后耕地质量等级，新增耕地质量等级应不低于周边耕地，原有耕地经高标准农田建设后，耕地质量等级应较项目实施前有所提升。耕地质量等级划分标准见表 6-6。

表 6-3　黄土高原区耕地质量等级评价指标体系指标权重

晋东豫西丘陵山地农林牧区		汾渭谷地农业区		晋陕甘黄土丘陵沟壑牧林农区		陇中青东丘陵农牧区	
指标名称	指标权重	指标名称	指标权重	指标名称	指标权重	指标名称	指标权重
地形部位	0.130 3	地形部位	0.135 5	灌溉能力	0.147 9	灌溉能力	0.126 1
灌溉能力	0.116 5	灌溉能力	0.134 9	地形部位	0.137 5	海拔	0.098 0
有机质	0.089 4	有机质	0.085 6	有机质	0.099 6	地形部位	0.109 6
耕层质地	0.079 0	质地构型	0.072 7	有效磷	0.071 8	有机质	0.074 5
海拔	0.071 2	耕层质地	0.069 6	耕层质地	0.070 7	耕层质地	0.069 8
质地构型	0.069 4	有效磷	0.066 5	海拔	0.066 7	质地构型	0.066 8
有效磷	0.062 6	排水能力	0.064 4	质地构型	0.063 9	pH	0.049 8
有效土层厚度	0.061 0	海拔	0.063 6	速效钾	0.059 4	有效土层厚度	0.056 9
速效钾	0.055 6	有效土层厚度	0.055 0	有效土层厚度	0.055 8	有效磷	0.053 5
排水能力	0.045 0	速效钾	0.054 4	障碍因素	0.040 7	土壤容重	0.052 7
土壤容重	0.044 0	土壤容重	0.045 2	土壤容重	0.038 9	排水能力	0.048 7
障碍因素	0.042 6	障碍因素	0.041 2	pH	0.035 0	障碍因素	0.047 0
pH	0.039 6	农田林网化程度	0.031 8	排水能力	0.034 4	速效钾	0.048 9
农田林网化程度	0.038 4	pH	0.031 0	生物多样性	0.028 0	生物多样性	0.036 1
生物多样性	0.030 3	生物多样性	0.027 0	农田林网化程度	0.026 7	农田林网化程度	0.035 3
清洁程度	0.025 1	清洁程度	0.021 6	清洁程度	0.023	清洁程度	0.026 3

表6-4　黄土高原区耕地质量等级评价指标体系概念型指标隶属度

地形部位	冲积平原	河谷平原	河谷阶地	洪积平原	黄土塬	黄土台塬	河漫滩	低台地	黄土残塬	低丘陵	黄土坪	高台地
隶属度	1	1	0.9	0.85	0.8	0.7	0.7	0.7	0.65	0.65	0.65	0.65
地形部位	黄土垌	黄土梁	高丘陵	低山	黄土峁	固定沙地	风蚀地	中山	半固定沙地	流动沙地	高山	极高山
隶属度	0.65	0.6	0.6	0.5	0.5	0.4	0.4	0.4	0.3	0.2	0.2	0.2
耕层质地	砂土	砂壤土	轻壤土	中壤土	重壤土	黏土						
隶属度	0.4	0.6	0.85	1	0.8	0.6						
质地构型	薄层型	松散型	紧实型	夹层型	夹层型	上紧下松型	上松下紧型	海绵型				
隶属度	0.4	0.4	0.6	0.5	0.5	0.7	1	0.9				
生物多样性	丰富	一般	不丰富									
隶属度	1	0.7	0.4									
清洁程度	清洁	尚清洁	轻度污染	中度污染	重度污染							
隶属度	1	0.7	0.5	0.3	0							
障碍因素	盐碱	瘠薄	酸化	渍潜	障碍层次	无						
隶属度	0.4	0.6	0.7	0.5	0.5	1						
灌溉能力	充分满足	满足	基本满足	不满足								
隶属度	1	0.7	0.5	0.3								
排水能力	充分满足	满足	基本满足	不满足								
隶属度	1	0.7	0.5	0.3								
农田林网化程度	高	中	低									
隶属度	1	0.7	0.4									

表 6-5　黄土高原区耕地质量等级评价指标体系数值型指标隶属函数

指标名称	函数类型	函数公式	a 值	c 值	u 的下限值	u 的上限值
pH	峰型	$y=1/[1+a(u-c)^2]$	0.225 097	6.685 037	0.4	13.0
有机质	戒上型	$y=1/[1+a(u-c)^2]$	0.006 107	27.680 348	0	27.7
速效钾	戒上型	$y=1/[1+a(u-c)^2]$	0.000 026	293.758 384	0	294
有效磷	戒上型	$y=1/[1+a(u-c)^2]$	0.001 821	38.076 968	0	38.1
土壤容重	峰型	$y=1/[1+a(u-c)^2]$	13.854 674	1.250 789	0.44	2.05
有效土层厚度	戒上型	$y=1/[1+a(u-c)^2]$	0.000 232	131.349 274	0	131
海拔	戒下型	$y=1/[1+a(u-c)^2]$	0.000 001	649.407 006	649.4	3 649.4

注:表中 y 为隶属度;a 为系数;u 为实测值;c 为标准指标。当函数类型为戒上型,u 小于或等于下限值时,y 为 0;u 大于或等于上限值时,y 为 1。当函数类型为戒下型,u 小于或等于下限值时,y 为 1;u 大于或等于上限值时,y 为 0。当函数类型为峰型,u 小于或等于下限值或 u 大于或等于上限值时,y 为 0。

表 6-6　黄土高原区耕地质量等级划分标准

耕地质量等级	综合指数范围	耕地质量等级	综合指数范围
一等	≥0.904 0	六等	0.714 0~0.752 0
二等	0.866 0~0.904 0	七等	0.676 0~0.714 0
三等	0.828 0~0.866 0	八等	0.638 0~0.676 0
四等	0.790 0~0.828 0	九等	0.600 0~0.638 0
五等	0.752 0~0.790 0	十等	<0.600 0

4. 提交耕地质量等级评价报告

项目验收前提交耕地质量等级评价报告。评价报告应包括项目基本情况、耕地质量等级评价过程与方法、评价结果及分析、建设前后耕地质量主要性状及等级变动情况、土壤培肥改良建议等章节,并附土壤检测报告、指标赋值情况和成果图件等。成果图件包括:监测点位分布图、高标准农田建设区耕地质量等级图(建设前、建设后),需附矢量化电子格式。

第二节　竣工验收

竣工验收是高标准农田建设项目管理的重要环节。竣工验收工作核心是考核项目实施方案完成情况以及项目建设内容和资金使用的合规性,工程质量、耕地质量评价、后效评估以及群众满意度都是重点核验内容。竣工验收环节也是推动项目竣工,确保竣工项目发挥预期效益,不断提高高标准农田建设项目管理水平及资金合理使用的重要手段。

因此,要建立完善责任明确、程序规范、运行有序的验收管理体系,根据主管部门关于竣工验收的有关规定和要求开展相关工作。如农业农村部《高标准农田建设项目竣工验收办法》(农建发〔2021〕5 号),对山西省高标准农田建设项目验收工作提出了具体要求,相关表格等详见附录三。

一、验收依据及条件

(一)验收依据

(1)国家及省有关部门颁布的相关法律、法规、规章、技术标准以及规范等。

(2)农田建设项目管理及资金管理等有关制度规定。

(3)项目初步设计文件、批复文件以及项目调整文件、终止批复文件、施工图和竣工图等。项目招标投标文件、合同、资金拨付及支付等文件。

(4)按照有关规定应取得的项目建设其他审批手续。

(二)验收条件

(1)已批复各项建设内容全部完成,包括设计调整批复内容。

(2)项目工程主要设备及配套设施经调试运行正常,达到设计目标。

(3)各单项工程已经建设单位、设计单位、施工单位、监理单位等四方验收合格,单项工程验收资料齐全。

(4)项目资金支付已达到合同约定进度要求。

(5)完成项目竣工决算并出具竣工决算报告,由有资质的中介审计机构或当地政府审计机关审计并出具审计报告。

(6)前期工作、招标投标、合同、监理、施工管理资料及相应的竣工图纸资料齐全、完整,项目有关材料分类立卷。

(7)初验合格并出具报告。

(8)需要完成的其他有关事项。

二、竣工验收内容

(一)项目实施进度

是否在批复的建设工期内完成建设任务。

(二)项目组织管理

是否成立了领导机构,配备了各类必要专业人员,制定了相关的项目管理制度。

(三)制度执行情况

是否严格执行了项目法人责任制、监理制、招标投标制、合同制、公示制,是否按照条款执行。

(四)建设任务完成情况

1. 工程数量完成情况

通过抽验,查看高标准农田建设项目各项工程的实施情况。综合判断土地平整、土壤改良、灌溉和排水、田间道路、农田防护与生态环境保护、农田输配电及其他工程是否按照批复的初步设计完成。存在设计调整变更的,微调完善部分是否执行了工程签证手续及报备材料,按照批复调整变更文件检查核实建设内容完成情况。

2. 工程质量情况

通过抽验,查看高标准农田建设项目的各项工程和设施设备是否正常运行,重点查看水利工程特别是水源工程是否满足设计要求,田间道路、农田防护与生态环境保护、农田输配电工程的各项建设内容是否达到设计要求,树木成活率是否达到90%以上等。

(五)资金到位、使用与管理情况

(1)资金到位情况、资金预算及执行情况、资金管理及拨付审批情况、资金收支情况和竣工决算及审计等情况。

(2)项目资金入账手续及支出凭证完整性等财务制度执行情况,是否有用于兴建楼堂馆所、弥补预算支出缺口等与农田建设无关的支出等情况。

(六)群众满意度

调查项目区群众对工程建设满意程度。

(七)项目信息备案情况

项目建设和位置坐标等信息应全面及时备案入库。

(八)档案管理

技术文件材料是否分类立卷;技术档案和施工管理资料是否齐全、完整。

三、竣工验收资料

(一)项目立项资料

(1)下达建设任务的文件。

(2)项目初步设计及报送初步设计的文件。

(3)初步设计专家评审意见和初步设计批复文件。

(4)项目变更(计划调整)申请及批复文件。

(5)项目未重复建设证明文件。

(6)项目区村民"一事一议"资料。

(7)与立项有关的会议纪要、领导批示(讲话)。

(8)涉及取水(打井)等需水利或者其他有关行政主管部门申请及批准文件或有关决定等。

(9)环境评价报备情况。

(10)工程地质勘察报告(如有)。

(11)生态文旅部门证明材料等。

(二)招标投标资料

(1)招标公告:①在网络媒体刊登的应将网络页面实样打印;②在报刊等纸质媒体刊登的应当有原件;③在建筑市场刊登的应当有该市场审核批准并实际刊登的公告纸质文件。

(2)投标人报名资料(投标人报名记录)。

(3)资格预审资料:①购买资格预审文件记录;②递交资格预审申请文件记录;③资格预审文件;④所有提交的资格预审申请文件;⑤资格预审评审资料(包括抽取专家信息、评审委员会签到表、资格预审评审报告及评审表);⑥资格预审合格/不合格通知书。

(4)招标文件资料:①购买招标文件记录;②招标文件;③招标文件补充文件;④标底文件或招标控制价资料;⑤招标文件答疑文件及投标单位答疑函。

(5)投标资料:①递交投标文件记录;②全部投标人提交的投标文件。

(6)开标评标定标资料:①开标会签到表;②唱标记录;③评标委员会签到表;④专家抽取信息表;⑤评标报告及评标过程资料;⑥定标文件;⑦中标及未中标通知书;⑧中标公示信息;⑨质疑及答疑资料(如有);⑩聘请公证、纪检监察的应附相关文件。

(三) 合同文件

(1)工程咨询合同(如有)。

(2)招标代理合同。

(3)勘察设计合同。

(4)工程监理合同。

(5)工程施工合同。

(6)货物采购合同。

(7)委托工程复核合同。

(8)其他合同。

(四) 监理资料

(1)监理规划、监理实施细则。

(2)设计交底和图纸会审会议纪要。

(3)施工组织设计、(专项)施工方案、施工进度计划报审文件资料。

(4)分包单位资格报审文件资料。

(5)施工控制测量成果报验文件资料。

(6)总监理工程师任命书,工程开工令、暂停令、复工令、开工或复工报审文件资料。

(7)工程材料、构配件、设备报验文件资料。

(8)见证取样和平行检验文件资料。

(9)工程质量检查报验资料及工程有关验收资料。

(10)工程变更、费用索赔及工程延期文件资料。

(11)工程计量、工程款支付文件资料。

(12)监理通知单、工作联系单与监理报告。

(13)第一次工地会议、监理例会、专题会议等会议纪要。

(14)监理月报、监理日志、旁站记录。

(15)工程质量或生产安全事故处理文件资料。

(16)工程质量评估报告及竣工验收监理文件资料。

(17)监理工作总结。

(五)施工资料

(1)施工组织设计或(专项)施工方案报审资料。

(2)工程开工报审资料。

(3)工程复工报审资料。

(4)施工控制测量成果报验资料。

(5)工程材料、构配件或设备报审资料。

(6)隐蔽工程、检验批、分项工程质量报验等报审资料(需绘制隐蔽工程竣工图)。

(7)分部(子分部)工程报验资料。

(8)监理通知回复。

(9)单位工程竣工验收报审资料。

(10)工程款支付报审资料。

(11)工程临时或最终延期报审资料。

(12)单位工程质量验收记录。

(13)竣工验收报告。

(14)竣工验收备案资料(包括各专项验收认可文件)。

(15)工程质量保修书、主要设备使用说明书。

(16)建筑材料、构配件和设备出厂合格证明或进场试验报告,检验记录及试验资料。

(六)财务资料

(1)工程结算及审核材料。

(2)竣工财务决算和审计报告。

(七)验收档案资料

(1)初步验收记录。

(2)初步验收总结。

(3)初步验收报告。

(4)竣工验收申请。

(5)项目管理制度。

(6)有关项目管理会议纪要、领导讲话、文件等。

(7)声像档案、工程照片、录音录像等材料。

四、竣工验收程序

(一)提交竣工验收申请

高标准农田建设项目单项工程全部验收合格后,建设单位应当组织专家进行初验,对初验合格并具备竣工验收条件的项目,应当及时向审批部门提交竣工验收申请报告。竣工验收采取"谁批复,谁验收"+部省级业务部门抽验的形式完成。

竣工验收申请报告应当依照竣工验收条件对项目实施情况进行分类总结,并附初验意见、工程复核、竣工决算和审计报告等。

(二) 审核竣工验收申请材料

项目初步设计审批部门收到项目竣工验收申请后,应当对申请材料进行初步审核,对不具备竣工验收条件的项目提出整改要求,对具备竣工验收条件的项目应当尽快组织开展竣工验收工作。

(三) 组织验收人员培训

竣工验收前,项目初步设计审批部门应当对验收人员进行业务知识培训,帮助验收人员全面掌握项目竣工验收的有关政策、规定及要求。

(四) 下发竣工验收通知

对拟验收项目,项目初步设计审批部门向申请竣工验收单位发出验收通知,通知应当明确验收项目、验收组成员、验收时间及有关要求。

(五) 开展竣工验收工作

验收组赴现场开展项目竣工验收工作,并根据项目规模和复杂程度,成立专业验收小组,分别对相关内容进行验收。

(六) 编写竣工验收报告

竣工验收完成后,由验收组编写竣工验收报告,同时填写"项目建设工程抽验汇总表""项目建设工程建设情况表"和"项目预算执行和资金使用情况表"。

(七) 明确竣工验收结论

竣工验收结论分为合格和不合格。竣工验收结论必须经验收组 2/3 以上成员签字同意,验收组成员对验收结论有保留意见时,应当在验收成果资料中明确记载,并由保留意见人签字。

(八) 提出问题整改要求

对竣工验收中发现的问题,由验收组反馈给建设单位,反馈时应当明确存在问题、整改建议和完成时限。建设单位整改完成后及时将整改情况报项目初步设计审批部门,对验收不合格的项目要求限期整改并重新进行验收。

(九) 核发验收合格证书

对竣工验收合格的项目,由初步设计审批部门核发农业农村部统一格式的竣工验收合格证书。

五、竣工验收方法

(一) 听汇报

听汇报,即验收组通过听取汇报,了解掌握项目建设、资金使用和政策落实等基本情况。

(二) 查资料

查资料,即查阅项目档案资料,应当包括《验收备查资料目录》的所有资料。着重查阅单项工程验收和项目初验资料,比对设计图和竣工图之间的差异;查阅资金台账、项目竣工决算和审计情况报告等;在农田建设综合监管平台上查阅项目建设和位置坐标等信息备案入库情况。

(三)抽验工程

抽验工程现场验收采取随机抽的方式进行,抽验应当涵盖所有工程类型。经第三方机构对工程数量与质量进行复核并形成工程复核报告的项目,各类工程数量的抽验率不低于10%;没有进行工程数量和质量复核的项目,各类工程数量的抽验率为:2万(不含2万)亩以下的项目不低于20%,2万(含2万)~5万(不含5万)亩的项目不低于15%,5万(含5万)亩以上的项目不低于10%。

(1)土地平整工程:对照设计图中的坐标点,核实土地平整面积。

(2)土壤改良工程:核实各种改良措施是否按计划实施。

(3)灌溉与排水工程:抽取时注意水源工程、输配水工程、渠系建筑物工程、田间灌溉工程、排水工程等联动功能运行情况,组成完整体系一并验收。

(4)农田输配电工程:与灌溉与排水工程一并验收。

(5)田间道路工程:以不同工程做法的道路为单位抽取。

(6)农田防护与生态环境保持工程:按照农田林网、岸坡防护工程、坡面防护工程、沟道治理工程分别抽取。

(四)检验质量

查看项目现场,检验工程建设质量和主要工程设施设备运行情况。

(五)计量数量

对照项目竣工图纸进行实地丈量或清点,做好现场核查登记,并结合"看"中抽验的质量情况,填写"项目建设工程抽验汇总表"。

(六)询问题

就项目中存在的问题,对相关人员进行质询。

(七)访民情

就项目的受益群众满意度进行随机访谈,根据抽验范围内各类工程的数量完成情况和质量合格情况,结合实施进度、项目组织管理、制度执行、资金到位使用与管理、群众满意度、信息备案、档案管理等情况,集体研究、综合判断,提出项目合格或不合格结论。

六、后续工作

(一)设立标志牌

项目竣工验收后,建设单位要在项目区设立统一规范的国家标识。高标准农田标识使用及项目公示牌设立参考《农业农村部办公厅关于统一高标准农田国家标识的通知》(农办建〔2020〕7号)(详见附录五)。

(二)项目移交

竣工验收合格的项目,建设单位应当及时完成资产交付(包含待核销清单),管护办法、管护协议拟定等工作,限期做好上图入库工作。

第三节　固定资产管护

项目竣工验收后,应及时按有关规定办理资产交付手续。按照"谁受益、谁管护,谁使用、谁管护"的原则明确工程管护主体,明确工程管护清单并移交管护主体,拟定管护协议,落实管护责任,保证工程在设计使用期限内正常运行。固定资产管护工作按照上级主管部门的有关规定执行,如《山西省农业农村厅办公室关于做好农田建设项目工程管护工作的通知》(晋农办建发〔2020〕256号)。

一、工程管护范围

(一)灌溉和排水工程

灌溉和排水工程包括水源工程、输水工程、喷微灌工程、排水工程、渠系建筑物工程和泵站。

(二)田间道路工程

田间道路工程包括田间道(机耕路)和生产路。

(三)农田防护与生态环境保持工程

农田防护与生态环境保持工程包括农田林网工程、岸坡防护工程、沟道治理工程和坡面防护工程。

(四)农田输配电工程

农田输配电工程包括输电线路工程和变配电装置。

(五)其他

其他工程及配套设施、设备,农田建设工程各类标牌、标志等。

二、工程管护主体

农田建设工程管护按照"谁受益、谁管护,谁使用、谁管护"的原则,结合农村集体产权制度和农业水价综合改革,合理确定工程管护主体。

(1)受益对象为行政村、农民合作组织等受益主体,由受益主体负责管护;受益主体不明确的,由使用主体负责管护。

(2)按照"村民自治管理"的原则,有条件的地方可引导和帮助受益对象按照受益范围,以项目区所在乡镇、村为单位,组建管护协会,负责统一管护。

(3)鼓励利用市场方式确定管护主体。在符合相关法律法规和村民委员会征求受益农民代表同意的前提下,可通过承包、租赁、拍卖等多种方式落实管护主体。

(4)在管护资金落实的情况下,建设单位可探索采用购买服务等方式落实管护主体。

三、工程管护主体的责任

(1)按照有关部门或行业规定的标准和要求认真开展管护工作,保证农田建设工程正常运行,持续发挥效益。

(2)严格遵守法律和行政法规有关规定,不得以任何理由擅自收取有关费用,不得擅自将工程及设备变卖,不得破坏水土资源和生态环境。工程权属改变需报县级农业农村主管部门批准。

(3)除必须认真履行管护责任,依法管理经营,为项目区农民提供优质良好服务外,还必须服从政府防洪排涝抗旱的统一调度,自觉接受县级农业农村主管部门、项目区所在乡镇及村级组织的管理监督。

四、县级农业农村主管部门的管理职责

(1)根据本地实际建立健全管护机制,涉及其他部门的,可报请县级人民政府同意后以政府的名义印发。

(2)认真做好管护组织管理、协调指导和检查监督工作。

(3)按照建管结合的要求,鼓励和支持拟管护主体提前介入工程设计和建设过程的相关环节,为管护工作奠定良好基础。

(4)项目竣工验收合格后,应及时按照有关规定组织办理资产交付手续,确定工程管护主体,制定管护制度、落实管护责任。

(5)指导管护主体做好管护经费的筹集、使用和管理,确保工程管护资金发挥作用。

(6)帮助管护主体解决管护工作中遇到的困难与问题,做好农田建设工程运行的监测评价工作。

(7)做好工程管护档案管理工作。

五、管护经费的筹集管理及使用范围

(一)工程管护经费的筹集管理

(1)鼓励多形式、多渠道筹集管护经费,建立多元化长效管护经费保障机制,调动受益主体管护积极性。

(2)对2019年度从农田建设项目财政资金中计提的管护经费,以及各级财政预算安排的管护补助经费,由县级农业农村主管部门统一管理,专款专用。由管护主体提出用款计划申请,报经县级农业农村主管部门审核批准后,按照有关财务管理规定进行办理。

(3)通过其他途径筹集的管护经费,可根据实际情况由项目管护主体负责管理使用,县级农业农村主管部门及工程管护所在乡镇要加强监管。

(二)工程管护经费的使用范围

(1)由财政筹集的管护经费主要用于在设计使用期内的公益性农田建设工程及设备的日常维修、必要的小型简易管护工具和运行监测设备购置等。不得用于购置车辆,行政事业单位人员工资、补贴等行政事业费开支。

(2)产权已明确归属个人、农民合作组织(企业)等负责管护的农田建设工程,管护经费原则上由其自行解决。

六、其他要求

(1)各级农业农村主管部门应当将管护列入农田建设工作绩效考核内容之一,认真重视,抓好落实,确保实效。

(2)市级农业农村主管部门应结合当地实际情况,研究制定相应制度、措施,组织指导所辖各县的管护工作。

(3)对于不认真履行管护责任的管护主体,县级农业农村主管部门应责令限期改正,情节严重的应追究相关人员责任;对破坏农田建设项目工程的违法行为,应提交有关部门依法进行处理。

(4)项目受益乡镇及村级组织应对建后项目工程进行经常性检查,确保各项管护措施落实到位。

第四节 绩效评价

绩效评价是指运用一定的评价方法、量化指标及评价标准,对高标准农田建设绩效目标的实现程度,以及为实现这一目标所安排预算的执行结果所进行的综合性评价。《农田建设项目管理办法》中规定,各级农业农村主管部门应当加强对农田建设项目的绩效评估。应结合粮食安全省长责任制考核,采取直接组织或委托第三方的方式,对高标准农田建设项目开展绩效评估工作。《高标准农田建设 通则》(GB/T 30600—2014)中规定应开展高标准农田建设绩效评价,对建设情况进行全面调查、分析和评价,按照《高标准农田建设评价规范》(GB/T 33130—2016)执行。

附　录

附录一　高标准农田建设初步设计大纲

第 1 章　项目概要

1.1　项目名称

××县+××乡(镇)+项目

1.2　项目申报单位

1.3　项目实施单位

1.4　项目建设性质

新建(改建)

1.5　项目建设年限

一年

1.6　项目负责人

1.7　项目区地理位置、涉及的范围

1.7.1　项目区地理位置

说明项目区坐落、经纬度坐标(或 2000 大地坐标)等位置信息,并附项目区位置示意图,说明项目区区位条件等。

1.7.2　项目区涉及的范围

简述项目区的四至范围、乡镇村庄、四至坐标,及每个村庄耕地面积情况。

1.7.3　项目区选择说明

简述项目区选址必要性及合理性分析。从以下几个方面对项目区选址做充分的说明:

(1)高标准农田项目布局,优先在永久基本农田保护区和粮食生产功能区及粮食主产区实施,集中力量加快小麦、玉米生产功能区高标准农田建设,逐步将划定的粮食生产功能区建成高标准农田。采取整县域、整乡镇推进,在确保完成新增高标准农田建设任务的基础上,按照全省统一规划,对照标准规范,对已建项目区根据"缺什么、补什么"的原则进行提质改造,优先支持高效节水灌溉区域提质改造。

(2)项目选择要坚持集中连片,单个项目建设面积原则上平原地区不低于 3 000 亩,丘陵山区不低于 1 000 亩。如受自然条件限制,单个项目相对连片开发面积达不到上述要求的,可在同一流域或同一灌区范围内选择面积相对较大的地块设立项目区。选址工作兼顾"十二五"以来评估数据库和当年之前年度已建设的项目区域不重复。

(3)永久基本农田是依法划定的优质耕地,要重点用于发展粮食生产,特别是保障稻谷、小麦、玉米三大谷物的种植面积。一般耕地应主要用于粮食和棉、油、糖、蔬菜等农产品及饲草饲料生产。严格规范永久基本农田上农业生产经营活动,禁止占用永久基本农田从事林果业以及挖塘养鱼、非法取土等破坏耕作层的行为,禁止闲置、荒芜永久基本农田,确保建成高标准农田达标达效。

(4)粮食生产功能区要落实到地块,引导种植目标作物,保障粮食种植面积。不得擅自调整粮食生产功能区,不得违规在粮食生产功能区内建设种植和养殖设施,不得违规将粮食生产功能区纳入退耕还林还草范围,不得在粮食生产功能区内超标准建设农田林网。

(5)高效节水灌溉,坚持“以水定产、以水定地”,推进农水集约增效工程建设,重点实施低压管道输水灌溉、喷灌、微灌、滴灌等工程措施,推广集雨补灌、覆盖保墒、水肥一体化、测墒节灌等农业节水技术,大力推进实施精准灌溉、智慧灌溉,切实提高水资源利用效率。完善供水计量设施,科学合理分配农村水权,农业用水实行总量控制和定额管理,建立农业用水精准补贴和节水奖励机制。

(6)旱作高标准农田项目建设工程,通过平田整地、建设水平梯田、筑坝排洪、整修地埂、种植生物埂或田间林网、整修田间路、加厚土层等措施,提升土壤蓄水蓄肥能力,改善农业生产条件,提高农田抗灾减灾能力;采取秸秆还田、增施有机肥、种植绿肥等土壤科学集成培肥方式,增加土壤有机质,提升耕地地力等级。加大中低产田改造和盐碱地改良力度,综合运用工程、农艺、生物等手段建设高标准农田。支持丘陵山区宜机化改造,鼓励在项目建设中开展耕地小块并大块的宜机化整理,改善农田农机通行和作业条件,提高农机适应性,加快补齐丘陵山区农业机械化基础条件薄弱的短板。

(7)实施耕地质量监测全覆盖,在高标准农田建设项目区和其他有代表性的地块建立耕地质量监测点,对耕地质量和耕地利用情况实行长期定位监测,应用调查监测结果对高标准农田开展耕地质量评价。

(8)创新建设思路和模式,开展高标准农田整县推进,绿色农田、数字农田建设示范。提出本县域数字化建设目标、思路、要求、措施、效果。

(9)项目选址不得将本县域建设任务划分成多个片区,由多个设计单位中标进行设计,避免出现同一县域、同一项目、同一单项工程,施工工艺相同,材料价格不同、预算单价不同、预算总价不同。一个县必须将下达的建设任务作为一个项目,由一个设计单位提交一套勘测报告、设计报告、设计预算、设计图纸。

(10)项目选址和初步设计要符合高标准农田建设“十四五”规划及国土空间规划,地类资料要依据自然资源部门第三次全国土地调查数据库及卫星遥感监测数据。田间道路、农田林网、水利设施占地要符合国家规范、政策,不得超标准建设,不得超标准占用基本农田和耕地。

(11)禁止在25°以上坡耕地、退耕还林还草地区、土壤污染严重区域、地下水超采严重区域、自然保护区的核心区和缓冲区建设高标准农田。

1.8　项目建设规模、主要建设内容

1.8.1　建设规模

简述项目设计开展高标准农田建设的面积和主要工程的内容等。

1.8.2 建设内容及工程组成

按照《高标准农田建设 通则》(GB/T 30600—2014)附录 A 高标准农田建设工程体系,简述项目不同的单位工程、单项工程、内容和数量。

1.9 投资预算

1.10 效益分析

1.11 经济技术指标

简述项目主要建设标准、建设内容和投资,项目投资概算、单位投资及资金筹措,项目总投资、投资构成及工程造价指标,主要工程量、原材料、物料等,以及反映项目建设成效的主要效益指标。

第 2 章 项目区基本情况

2.1 自然概况

从自然资源禀赋出发,从地形地貌、气候、土壤、植被、水文与水资源、地质、天然建筑材料、自然灾害等方面简述项目区自然条件。

要重点分析土壤、水文、建筑材料等直接影响项目工程规划设计的基础情况。

2.1.1 地形地貌

说明项目区地形地貌、高程、坡度和坡向。地形复杂的项目区应分区域说明地形变化情况。

2.1.2 气象

说明项目区的气象概况,包括气温、降水量、蒸发量、湿度、无霜期、日照时数、积温等气象特征值。

2.1.3 土壤

说明项目区土壤类型、分布、组成,有机质含量、土层厚度和耕作层厚度等理化性状。

2.1.4 植被

说明项目区植被类型和分布情况。

2.1.5 水文和水文地质

说明项目区内与灌排相关的各类河流水系特征,包括流域面积、径流量、水质、含泥沙情况,湖泊面积、多年最高水位、最低水位和水平水位、灌溉面积、水质,水库汇流面积、总库容及兴利库容、水位、水质等,地下水包括埋深、分布、水质特征及其动态变化情况,补给水源和水量。

2.1.6 工程地质

说明渠系建筑物场址、输(排)水工程和田间道路沿线的地层岩性、地质构造和岩体风化情况等地质条件;评价地基、边坡和围岩的稳定性,说明软性土质等的分布和性质,对主要工程地质问题提出处理措施。

2.1.7 天然建筑材料

说明项目区及周边与项目建设相关的天然建筑材料的分布、储量、质量和开采运输条件,在天然建筑材料缺乏时,应提出人工材料来源及质量。

2.1.8　自然灾害

说明项目区的旱、涝、地质灾害等主要自然灾害类型、发生频率和危害程度及其对农业生产的影响。

2.2　社会经济状况

从经济社会发展状况出发,从农业生产水平及农业种植结构、产业发展情况、基础设施配套情况、农田建设现状等方面阐述项目区目前的社会经济条件。

涉及的粮食生产功能区、永久基本农田保护区、现代农业产业园、国家种子基地以及国家贫困县区、深度贫困乡镇等,简述基本情况。

要重点分析产业发展、基础设施配套、农田建设现状等直接影响项目工程规划设计的基础情况。

2.3　基础设施现状分析

详细说明项目区内田、土、水、路、林、电、技、管设施、设备现状情况及使用管护情况。

农田基础建设现状情况,具体说明项目区土地平整度、水源情况、灌溉排水工程设施现状(包括灌溉及渠系情况、输水管道分布及完好程度、运行状况),电力设施、田间道路农业机械通达情况、工程管理体制及运行机制。主要从以下 5 个方面进行分析。

2.3.1　土地平整现状

说明项目区土地平整度、地块大小、土层厚度、土壤质地等,分析是否需要进行土地平整。

2.3.2　灌溉与排水现状

说明灌区水源、地表水、地下水分布控制情况及田间灌排骨干工程、设施等级、布局、类型、数量、质量和运行状况,分析现状设施对工程布置的影响和要求。

2.3.3　田间道路现状

说明项目区对外的交通状况及项目区内田间道路类型、数量、分布和质量状况;分析现状设施对工程布置的影响和要求。

2.3.4　生态环境保护设施现状

说明项目区水土保持和防护林等农田防护与生态环境保持设施状况,分析现状设施对工程布置的影响和要求。

2.3.5　电力设施现状

说明相关变电站位置、规模和容量及相关配电、用电设备位置、数量、容量、功率、分布及运营方式,说明项目区内输配电线路的路径,分析现状设施对工程布置的影响和要求。

2.4　土地利用现状

2.4.1　简述土地权属状况,包括土地所有权、土地承包经营权等权属状况。

2.4.2　编制土地利用现状表,并简述项目区所在区域耕地总量、永久基本农田现状面积和占比,粮食功能区划定区域面积及占比。

2.4.3　简述项目实施前耕地质量、地力等级、分布及生产能力,说明资料来源依据。

2.5　项目区农业和农村经济发展的制约因素分析

2.5.1　制约因素分析

自然条件:包括气候因素、土壤因素、水资源因素等自然因素。

社会经济条件:包括项目的社会筹资、项目农业种植经济效益、耕作技术等社会经济因素等。

基础设施条件:从农田基础交通、水利设施、生态环境保持设施等基础设施因素等角度分析制约项目区生产、生活、生态的限制因素。

2.5.2 拟采取措施分析

包括降低或消除限制因素影响的可行性、途径和工程措施分析。

要重点分析道路交通、灌排设施、防洪防涝等设施状况及影响,确定主要限制因素,并提出相应的提升、改善、优化及解决措施。对灌排设施的分析,要从项目区农田现状入手,充分考虑产业发展需水情况,进行水资源平衡分析。

2.6 公众参与

说明项目前期公众参与的形式、过程、内容和结果(形成群众座谈会议纪要作为报告附件)。

第3章 初设依据和标准

3.1 初设依据

因地制宜,统筹规划,实行田、土、水、路、林、电、技、管综合配套。列出设计所执行的国家、地方、行业的法规、建设标准和设计规范等相关依据。

具体的技术标准和定额选择,在农业农村部没有出台新的标准和定额的情况下,由各县(市、区)根据高效节水、高标准农田和高标准梯田三类建设类型的不同,以主要建设内容占比为重点(如高效节水灌溉),选择水利工程或者(如梯田改造)选择土地治理工程的建设标准,预算编制主要参照财政部、国土资源部《土地开发整理项目预算定额标准》(财综〔2011〕128号)。

3.2 项目建设标准(技术标准、亩投资标准)

按照《高标准农田建设通则》(GB/T 30600—2014)的要求,科学合理地设计高标准农田建设内容。

第4章 项目建设规划和总体布局

4.1 指导思想及规划原则

依据《高标准农田建设　通则》(GB/T 30600—2014),围绕解决项目区限制性因素,结合高标准农田、土地利用和产业发展等相关规划,明确总体规划设计的原则及指导思想。

4.1.1 指导思想

以力争粮食稳定增产、农业持续增效和农民持续增收为目标,以改善农田基础设施及生产条件为切入点,坚持当前和长远、生产和生态、工程和工艺、农机与农艺相结合的原则,通过实施"改"(改善农田基础设施)、"培"(培肥地力,重点提高土壤有机质含量和耕地基础地力)、"提"(提高土、肥、水资源利用率)的主导措施,创建安全、肥沃、协调的土壤环境,改善项目区的农田基础设施条件,为确保粮食安全、提高农产品产量和质量、增加项目区农民收入、促进农业可持续发展奠定基础。

4.1.2　规划原则

4.1.2.1　规划引导原则

应符合山西省粮食生产能力建设规划、山西省高标准农田建设规划、山西省农业综合开发高标准农田建设实施规划、运城市土地利用总体规划等,统筹安排高标准农田建设。

4.1.2.2　因地制宜原则

应根据不同区域自然地理条件、经济社会发展水平、农业结构和种植业布局情况、耕地类型和农田基础设施状况,中低产田类型及工程建设,因地制宜地采取建设方式和工程措施。

4.1.2.3　数量、质量、生态并重原则

应坚持数量、质量、生态相统一,促进耕地节约集约利用,提升耕地质量,改善生态环境。

4.1.2.4　维护权益原则

应充分尊重农民意愿,维护土地权利人合法权益,切实保障农民的知情权、参与权和受益权。

4.1.2.5　可持续利用原则

落实管护责任,健全管护机制,实现长期高效利用。

4.2　建设规模

根据上级下达的年度高标准农田建设任务面积及其中高效节水面积任务,合理确定本项目拟建设高标准农田建设规模和其中的高效节水建设规模,确保任务完成并符合上图入库要求。

4.3　规划布局

规划布局应紧紧围绕项目区资源情况、基础设施现状和立地条件,征求村民意见,从专业的角度科学合理确定本项目工程建设方向,构架出工程建设整体布局,并符合规范要求和国家政策导向。

规划布局应按照拟定的项目区规模,以村为单元分解到村、对应到工程措施。对各项工程进行全面规划,统筹安排。土壤改良工程应根据工程实际情况采取针对性措施。灌溉与排水工程原则上结合项目区现有水利设施,进行补充完善,按照田间道路、田块形状及田块方向进行布局。管道布置采用"丰"字状、梳子状或树枝状,根据地形情况灵活掌握,支、斗、农管上设置出水口进行灌溉。田间道路按照原有道路网络进行拓宽、硬化,尊重农民意愿,符合当地农民的生产和生活习惯。农田输配电应根据输送容量、供电半径选择输配电线路导线截面和输送方式,合理布设变电站。总之,应结合土、田、水、路、林、电、技等综合布局,兼顾社会效益、经济效益和生态效益,保证高标准农田建设符合当地实际。

第5章　水资源评价与供需平衡分析

5.1　项目水资源、水源概况

5.2　供需平衡分析

分区域对应不同水源按照"以水定规模、以水定地"的原则,分析农作物的灌溉制度,

进行水源供需平衡分区分析。

5.2.1 项目区现有水利工程可供水量、现状需水量及供需平衡情况

5.2.2 项目区设计水平年可供水量、需水量预测及供需平衡分析

第6章 主要工程设计

工程设计上,应达到初步设计规范要求的设计深度,要明确各类工程具体建设标准。在设计过程中,要有工程量计算公式和过程,工程量计算要准确。有单体工程断面形状、尺寸、细部结构设计说明及图件,选材实用经济、因地制宜,达到15年使用年限。按照《高标准农田建设 通则》(GB/T 30600—2014)附录A高标准农田建设工程体系编制到三级子目录。

6.1 土地平整工程设计

土地平整的主要建设内容有:田块修筑、耕作层剥离和回填,底土平整。通过客土改良,消除土壤过砂、过黏、过薄等不良因素,改善土壤质地、使耕层质地为壤土;通过加厚土层,一般农田在100 cm以上,沟坝地、河滩地等土层厚度不少于60 cm。

根据项目区的地形条件,结合灌溉排水系统布置、道路系统布置、农田防护设施布置及农作物种植要求,确定田块的设计高程、田坎高度、田面坡度等参数;确定表土剥离方法、剥离厚度和堆放要求,表土回填的方式和方法;确定客土挖取采用的方式、方法;确定客土填筑的要求、方法和步骤。如涉及丘陵山区宜机化整治设计,需按照相应的技术规范和技术要求进行设计。说明梯田田面坡度、坡向、宽度和长度,排水措施,挡土墙(埝、埂)的断面设计、材料和砌筑形式;梯田耕作土的种类和来源,工程改造土、石方工程量。说明土地平整的范围、标高,采用的工程量估算方法,土地平整土方量及土方平衡情况等,扣除道路及灌排工程所占面积后的土地平整数量。涉及田块调整的,还应按照满足标准化种植、规模化经营、机械化作业和节地、节水、节能的要求,说明田块合并或调整的情况。

要按分区域特点设计,以典型地貌单元进行坡度分析。明确土地平整规模、长度及宽度。田坎要根据高度和材质不同分类设计,按土力学方法进行稳定性计算,按编号、长度及单体设计中的子项列出工程量并加以汇总。涉及土地平整土方计算的需提供计算公式、工程量统计表,采用软件计算的需提供土方计算图;涉及降坡土方量的,需根据原始地面线(标注原有田坎)和设计后的地面线(用设计坡度表示,标注设计后田坎)进行土方计算。运距根据田块规模,采用综合运距确定。设计田块应明确标注田块编号及田块设计高程。附田块整治平面图、典型田坎设计图、田间道路设计图。涉及"小块并大块"土地权属调整的,应详细阐明土地权属调整的具体内容。

6.2 土壤改良工程设计

土壤改良的主要建设内容有:砂(黏)质土壤治理,盐碱土壤治理,地力培肥。通过合理耕作,耕作层厚度要达到25 cm以上。土壤改良中的地力培肥措施不得使用财政资金购买农家肥。鼓励农民自施农家肥,农民自施农家肥的,可作为以物折资,计入项目自筹资金。

根据项目区土壤条件,明确设计的物理、化学、生物等土壤改良措施的具体目标值。如改善土壤有机质含量,涉及耕地质量监测点的,详细说明布设方式、尺寸等。描述种植

区土壤改良面积、土壤质量、改良措施（如轮作倒茬、机械深松、种植豆科植物等）及方法，主要控制指标；说明土方工程量，掺和材料（如石灰、砂或砂土、黏土、有机肥料等）的种类、比例、数量、来源、运输距离等。

要深入分析土壤盐碱化性状、提高土壤肥力、消除影响作物生长的土壤障碍因素，可采取物理、化学、生物等措施。过砂或过黏的土壤可掺黏或掺砂等改良质地；有机质含量过低的，通过增施有机肥结合深耕翻措施进行地力培肥，并引导农民通过秸秆还田、畜禽粪腐熟无害化还田等逐年提高地力。

6.3 灌溉与排水工程设计

灌溉排水的主要建设内容有：塘堰（坝）、小型拦河坝、农用井、小型集雨设施、泵站、疏浚沟渠、衬砌明渠（沟）、排水暗渠（管）、渠系建筑物（包括：水闸、渡槽、倒虹吸、农桥、涵洞、跌水、其他）、管灌（高效节水措施）、喷灌（高效节水措施）、微灌（高效节水措施）和其他水利措施。

线状工程：要分段设计，根据工程设计需要逐条实测不小于1:2 000地形图作为平面布局底图，明确水源地、设计线路及分段节点，核实水源及保证情况，并附分段情况统计表、工程量统计总表及说明，文字说明必须说明分段的原则。每段需标注断面尺寸、材质和长度等相关信息。需进行流量设计、水力设计、压力设计，要明确相应结构的设计参数、材质。管道设计提供纵横断面图。管道横断面图应反映管道的各类设计参数、管道材料和尺寸标注，并应说明各种材质及其工程量。纵断面图应反映管道中心线、桩号、高程、纵比降及节点。

点状工程：要一点一设计，并进行平面图设计，逐点统计工程量并汇总。重要工程需实测，附平面图、断面图、剖面图及配筋图、工程量统计表和说明及施工要求。需进行水力计算、结构计算。

高效节水灌溉工程，按照《节水灌溉工程技术标准》（GB/T 50363—2018）进行规范设计，需作典型设计。高效节水灌溉要以管灌、喷灌、微灌（含滴灌、微喷灌、小管出流）为建设内容，利用地下水进行灌溉的，原则上以现有井出水量设计节水措施，并按照取水许可规定实行总量控制，定额管理。

项目区原则上不允许新打井，确需打井的应按照《山西省人民政府办公厅关于加强地下水管理与保护工作的通知》（晋政办发〔2015〕123号）执行，取得地下水取水许可审批。

6.3.1 水源工程

说明各灌溉水源工程的结构形式，确定水源工程的控制高程、主要技术参数，并进行结构设计，提出基础处理措施，统计分项工程量。

说明水源工程的流量、水位、冲刷、淤积等水力计算条件和方法，明确提出计算成果。

新建或改造机井还应说明井的深度、井孔直径、井距、井管及滤料等材料，明确主要含水层性质、涌水量、动水位、静水位等，附机井设计剖面图。提出配套的水泵数量、型号及配套动力。

新建泵站的还应说明泵站建筑物、构筑物规模、结构形式、主要做法，说明设备、管道设计情况，规格、性能要求。参考水利行业设计规范、规程与建设标准进行设计。

泵站、机井等选定水力机械形式、型号、水泵台数及单机配套功率、机组数等主要参数。

6.3.2　输配水工程

确定流量计算条件和方法,根据渠道控制面积及灌溉方式,计算渠道设计流量,拟定渠道断面参数,提出渠道水位、水力坡降线、流速等水力计算条件和方法及水力计算成果,进行断面设计,进行防渗抗冻胀设计,提出基础处理措施,统计分项工程量。

(1)说明设计的渠系水、田间水和灌溉水利用系数。

(2)说明沟渠、管道的名称、设计标准、设计流量、加大流量、控制面积、起止点、长度、断面形式、断面尺寸、防渗形式、挖填方工程量、防渗材料工程量等。

(3)说明渠道上的各种构筑物的名称、数量、设计标准、设计流量、结构形式、工程做法、设备数量等。

6.3.3　排水工程

说明排水系统流量计算条件和方法,确定排水沟设计流量,拟定排水沟断面等参数,计算出水力计算成果,进行断面设计,提出基础处理措施,统计分项工程量。

(1)说明当地规定的排涝、排渍、防止盐碱、防洪标准,排水计算模数。说明排水沟(渠)的名称、起止点、长度、断面形式、断面设计参数、设计流量、挖填方工程量;当需要护坡时还应当说明护坡的形式、主要材料用量。大型排水工程设计说明应参考水利行业有关标准,并应描述排水容泄区的状况。

(2)说明排水沟(渠)上各种构筑物的名称、数量、设计标准、设计流量、结构形式、土石方工程量、混凝土和钢筋混凝土工程量。

6.3.4　建(构)筑物

明确取水、分水、泄水、退水等建(构)筑物的过水能力、水力衔接条件、消能防冲计算方法,提出计算成果。确定建(构)筑物结构形式及防冻等基础处理措施,说明建(构)筑物的结构尺寸,进行结构设计,提出各建(构)筑物数量、分项工程量及基础处理工程量。确定水力机械形式、型号、台数及单机配套功率、机组数等主要参数。

6.3.5　高效节水工程

依次对水源工程、首部枢纽、输配水(管)网、田间工程及水肥一体化等其他辅助工程进行设计说明。其中:喷灌工程,分析确定喷头组合和喷灌强度、均匀度及水滴打击强度等参数;布置管网,确定管材、管径和喷头的型号、喷嘴直径、泵型和动力配套设施等。微灌工程,分析确定微灌灌水器类型、规格和性能参数,确定灌水器的设计工作水头,毛管的布置形式,灌水器的组合形式及间距;选定泵型和动力配套设施。

采用喷灌、微灌、滴灌时应列表说明管道及附件的管径、数量、材料名称及土方工程量。

6.4　田间道路工程设计

尽量在原有田间道路的基础上修建,尽量少占用农民耕地。在当地村民需求强烈且确需建设混凝土路面的地方,允许建设适量混凝土路面,但田间道路建设的财政资金投入比例,原则上以县为单位,不得超过财政总投入的 40%。

确定各级道路的等级及通行的农用机械荷载和通行限速,确定道路的断面结构形式和路基处理措施,说明主要技术参数。统计各级道路长度,统计分项工程量。说明田间道路(桥涵)的系统组成和分级情况;道路(桥涵)宽度和长度、结构形式、工程做法、主要材料,道路(桥涵)基础、填挖及土方工程情况等。

分段设计。根据路基宽度、路面状况、挡土墙、边沟、交叉口、农涵(特别注意穿过居民点及灌溉渠、排水沟与田间道路、生产路交叉口)等情况,区分灌区和旱地段,逐条进行工程量汇总,并附分段情况统计表、工程量统计总表及说明。

结构断面设计。明确路面、路基规格尺寸(长度、宽度、厚度)、材质,考虑换土工程。部分重要路段需进行实测,提供平面图、纵横断面图、路面结构图、道路防护与支挡设计图、路基路面排水工程设计图、设计工程量统计表等。

6.5　农田防护与生态环境保护工程设计

农田防护与生态环境保护的主要建设内容有:农田林网工程、岸坡防护工程、沟道治理工程、坡面防护工程。农田林网工程要以农田防护为目的,不得种植观赏林,切实起到防护作用。

提出农田防护工程设计标准。按防治分区进行的各类农田防护工程措施、植物措施设计,统计分项工程量。说明农田防护林网的设计密度,明确各类防护林带的宽度、结构、株行距、占地面积、用地情况(长、宽尺寸)、布置形式、拟种树种、植树数量、植树规格、苗木来源、种植条件等。

要明确树种、树冠、树径、配置方式,要明确树木成活率,第一年不低于95%,第三年成活率不低于90%。

6.6　农田输配电工程设计

农田输配电的主要建设内容有:10 kV以下的高压输电线路、低压输电线路、变压器、配电箱(屏)。

进行输配电线路负荷计算,确定导线截面面积,确定输配电线路规格、型号,统计分项工程量。确定用电设备容量,计算用电负荷,确定变压器容量。确定电气主接线和主要电气设备的形式和容量等。必要时与供电部门协商确定。

应根据输送容量、供电半径,选择输配电线路截面和输送方式。结合灌排渠道、道路、机井工程等布设,合理配置变压器,确定容量及保护方式等。需与供电部门充分沟通,确保工程能落地。

6.7　科技推广设计

科技推广措施的主要建设内容有:技术培训、仪器设备、智慧农业和示范推广等。

6.7.1　技术培训

技术培训支出主要用于培训项目区农民或农技人员的讲课费、教材资料费、场地租用费、培训设备租赁费及必要的食宿费。简要说明培训的期次、内容、对象、方式的具体设计。

6.7.2　仪器设备

仪器设备支出指用于购置或租赁科技推广工作必需的小型仪器设备的费用,不得用于购买电脑等办公设备。

6.7.3　智慧农业

数字化、自动化监测监控、三区四情等平台建设。

6.7.4　示范推广

说明选择示范推广的方式、理由及要求,包括新品种、新技术、常规技术的引进与推广的名称、主要内容、面积、方式等。

6.8　其他(还需规划设计的内容)

第7章　环境保护设计

7.1　环境现状分析

7.2　项目实施对环境的影响

7.2.1　建设期对环境的影响

7.2.2　运营期对环境的影响

7.2.3　项目对生态环境的有利影响

7.2.4　项目实施对生态环境的不利影响和建议措施

7.2.5　环境影响结论

7.3　环境保护设计

包括对在建、建成项目区的土地环境、农业环境、水环境、工程环境、生活环境的动态监测及评价和项目区社会环境影响的工作管理等内容。

第8章　投资预算

8.1　编制说明

按照建设内容和投资比例,说明投资概算编制采用的行业标准、规范及定额等取费依据、人工材料价格依据和费用构成及计算标准依据;主要材料运输及费用计算,设备预算价格计算方法及其他需要说明的情况,项目管理费计费依据。

8.2　编制原则和依据

严格执行国家的法律法规和有关制度,以提高工程的经济效益和社会效益;深入调查,实事求是,充分搜集掌握第一手资料,正确选用定额、标准和价格。采用国家财政编制的有关规范进行编制。

8.3　投资预算成果

阐述项目投资概预算费用构成,编制项目投资总预算表、工程费用预算表、分工程措施的各单项工程预算表、设备费用预算表和其他费用预算表等。预算表要按规范有首页、编制说明、预算编制、预算审核签字,加盖执业印章和单位印章。

8.4　资金筹措方案

说明财政资金(中央、省、市、县)、其他资金、投工投劳折算资金等各类资金筹措和安排情况。根据施工进度安排,说明分年度投资安排计划。

第9章　综合效益分析

以年度任务计划通知中"高标准农田建设项目预期效益表"和高标准农田建设项目绩效目标考核管理中相关指标参数为准,按照《高标准农田建设评价规范》(GB/T

33130—2016)开展效益分析和经济评价。

主要分析项目建设所产生的农业生产、社会、经济、环境影响,评价项目的预期社会、生态、经济及其他效益。主要包括:

(1)农业生产条件改善(新增和改善灌溉达标面积、新增和改善排水达标面积、新增节水灌溉面积、高效节水灌溉面积、年节水量、灌溉水利用率提高值、增加农田林网防护面积、增加机耕通达面积、农业综合机械化提高值、道路通达度、增加蓄水设施容量等)。

(2)年新增主要农产品生产能力。

(3)项目区经济效益和社会效益(项目区年直接受益农户数量、人口数、受益农民年纯收入增加总额、项目区群众满意度等情况)。

(4)其他效益(扩大良种面积,治理盐渍化、酸化、沙化面积,增加土地流转面积、引进新型经营主体数量、农业龙头企业数量、农民合作组织数、家庭农场数、种粮大户数等);控制水土流失面积、改良土壤等情况;项目区年新增主要农产品生产能力、土地流转面积和引进新型经营主体等具体指标值。具体按照以下节次编写。

9.1 社会效益

9.2 经济效益

9.3 生态效益

9.4 经济评价

对产出指标、效益指标、满意度指标等绩效指标开展经济评价分析。

9.5 耕地质量评价

原则上使用《耕地质量等级》(GB/T 33469—2016)。耕地质量评价在项目实施前、后分别进行一次,检测点位平原区每1 000亩、山地丘陵区每500亩布设一个点位,取样按照0~20 cm单层取土,按规定送有资质单位检测并出具报告。项目实施前的取样应在设计进行之前,结合上年度项目库对项目选址的安排取样检测,项目完成后及时进行第二次检测,设计单位对耕地质量评价进行补充完善。

第10章 施工组织设计和实施计划

10.1 施工条件

施工场地条件、自然条件、交通条件、水电供应条件和当地能够提供的修配、加工的能力、劳动力情况。在主要建筑材料的供应情况上,分析骨料、石料、土料等建筑材料的分布、质量、开采运输及加工条件。

10.2 施工总布置

10.2.1 说明施工总布置的原则。

10.2.2 确定料场、施工工厂、生活设施、大宗设备的转移途径和交通运输等布置。

10.3 主要工程施工技术方案

编写主要工程施工技术方案,说明各工程实施的施工工序和工艺要求。说明主要工程的施工方法和施工程序。

10.3.1 土石方工程

(1)说明土石方开挖的工程类型,施工程序、方法、工艺要求。

（2）说明土石方开挖采用的机械种类、规格。

10.3.2 砌体工程

说明拌制砂浆的配合比及质量要求。说明浆砌石、干砌石、砖砌体等的施工工艺及养护措施。

10.3.3 混凝土工程

说明混凝土及钢筋混凝土施工模板安装，钢筋混凝土结构及浇筑施工程序、方法，混凝土及钢筋混凝土工作缝的处理，施工进度安排及所需准备工作。

10.3.4 农用井工程

说明农用井工程钻孔、井管安装、填封、洗井等的施工工艺以及抽水试验要求等。

10.3.5 道路工程

说明道路路基地质条件及承载力情况，路基、路面和路肩的施工工序和工艺。

10.3.6 安装工程

说明输电线路的架设要求，变压器、隔离电器、通断电流的操作电器以及配电装置等的安装、检查、调试和联合试运转要求。

10.4 施工总进度

项目工期为 1~2 年。文字说明并需列表说明施工进度时间、人员、资金调度计划安排。说明项目工期，详细列出项目建设各环节的进度计划表。具体如下。

10.4.1 说明施工总进度安排的原则和依据以及业主对本工程投入运行期限的要求。

10.4.2 安排施工总进度，确定施工总工期。

10.4.3 说明各项工程的施工顺序，依规绘制施工进度表。

第 11 章　工程运行与管护

说明项目建设工程措施、工程设施产权界定及产权移交、后期管护主体、管护措施、经费筹措等。

11.1 工程产权归属划分

11.2 管护主体确定

11.3 主要工程管护制度

11.4 管护经费管理

第 12 章　项目组织管理

12.1 组织机构设置

说明项目建设的组织领导机构、实施管理制度、控制（质量、进度、资金、安全）措施。

12.2 实施管理

明确项目建设所涉及的法人制、招标投标制、监理制、合同制、项目及资金公示制等管理制度。

第 13 章 上图入库实施方案

13.1 方案依据

13.2 实施方案

首先主要说明采用的坐标系统(2000 国家大地坐标系)、汇交项目成果数据等,然后开展上图入库准备工作。①资料收集分析;②制作工作底图;③填报项目数据。最后标绘高标准农田建设范围、统一汇交项目信息等。

附 件

一、初步设计报告编制单位资质证书

二、相关部门的证明文件

三、有效的水资源鉴定意见和取水许可证明

四、高标准农田建设项目投资和任务情况表

五、高标准农田建设项目预期效益表

六、有效的"一事一议"决议书

七、项目区位置图

八、项目区现状图(分村现状图)

九、项目规划图(分村规划图)

十、项目主要单项工程结构图

十一、项目区分村界址点成果表

附录二　竣工财务决算报表

项目单位：　　　　　　　　　　　　建设项目名称：

主管部门：　　　　　　　　　　　　建设性质：

竣工财务决算报表

项目单位负责人：　　　　　　　　　项目单位财务负责人：

　　　　　　　　　　　　　　　　　项目单位联系人及电话：

编报日期：　　　　　　　　　　　　决算基准日：

附表 2-1　项目概况表

建设项目（单项工程）名称					项目	概算批准金额（元）	实际完成金额（元）	说明
主要设计单位			建设地址		建筑安装工程			
占地面积（m²）	设计	实际	主要施工企业		设备、工具、器具			
			总投资（万元）	设计	待摊投资			
				实际	其中：项目建设管理费			
新增生产能力	能力（效益）名称	设计		实际	其他投资			
					待核销基建支出			
建设起止时间	设计	自　年　月　日至　年　月　日			转出投资			
	实际	自　年　月　日至　年　月　日			合计			
概算批准部门及文号					设备（台、套、吨）			
			建设规模	设计	设计		实际	
				实际				
完成主要工程量	单项工程项目、内容		批准概算		已完成投资额		预计未完成部分投资额	预计完成时间
尾工工程	小计							

附表 2-2　项目竣工财务决算表

项目名称：　　　　　　　　　　　　　　　　　　　　　　　（单位：元）

资金来源	金额	资金占用	金额
一、基建拨款		一、基本建设支出	
1. 中央财政资金		（一）交付使用资产	
其中：一般公共预算资金		1. 固定资产	
中央基建投资		2. 流动资产	
财政专项资金		3. 无形资产	
政府性基金		（二）在建工程	
国有资本经营预算安排的基建项目资金		1. 建筑安装工程投资	
2. 地方财政资金		2. 设备投资	
其中：一般公共预算资金		3. 待摊投资	
地方基建投资		4. 其他投资	
财政专项资金		（三）待核销基建支出	
政府性基金		（四）转出投资	
国有资本经营预算安排的基建项目资金		二、货币资金合计	
二、部门自筹资金（非负债性资金）		其中：银行存款	
三、项目资本		财政应返还额度	
1. 国家资本		其中：直接支付	
2. 法人资本		授权支付	
3. 个人资本		现金	
4. 外商资本		有价证券	
四、项目资本公积		三、预付及应收款合计	
五、基建借款		1. 预付备料款	
其中：企业债券资金		2. 预付工程款	
六、待冲基建支出		3. 预付设备款	
七、应付款合计		4. 应收票据	
1. 应付工程款		5. 其他应收款	
2. 应付设备款		四、固定资产合计	
3. 应付票据		固定资产原价	
4. 应付工资及福利费		减：累计折旧	
5. 其他应付款		固定资产净值	
八、未交款合计		固定资产清理	
1. 未交税金		待处理固定资产损失	
2. 未交结余财政资金			
3. 未交基建收入			
4. 其他未交款			
合计		合计	

补充资料：基建借款期末余额：

　　　　　基建结余资金：

备注：资金来源合计扣除财政资金拨款与国家资本、资本公积重叠部分。

附表2-3　资金情况明细表

项目名称：　　　　　　　　　　　　　　　　　　　　　　　（单位：元）

资金来源类别	合计		备注
	预算下达或概算批准金额	实际到位金额	需备注预算下达文号
一、财政资金拨款			
1.中央财政资金			
其中：一般公共预算资金			
中央基建投资			
财政专项资金			
政府性基金			
国有资本经营预算安排的基建项目资金			
政府统借统还非负债性资金			
2.地方财政资金			
其中：一般公共预算资金			
地方基建投资			
财政专项资金			
政府性基金			
国有资本经营预算安排的基建项目资金			
行政事业性收费			
政府统借统还非负债性资金			
二、项目资本			
其中：国家资本			
三、银行贷款			
四、企业债券资金			
五、自筹资金			
六、其他资金			
合计			

补充资料：项目缺口资金：

　　　　　缺口资金落实情况：

附表 2-4 交付使用资产总表

项目名称：   （单位：元）

序号	单项工程名称	总计	固定资产				流动资产	无形资产
			合计	建筑物及构筑物	设备	其他		

交付单位：   负责人：   接收单位：   负责人：

盖章：   年 月 日   盖章：   年 月 日

附表 2-5　交付使用资产明细表

项目名称：　　　　　　　　　　　　　　　　　　　　　　　　　　（单位：元）

序号	单项工程名称	固定资产											流动资产		无形资产	
		建筑工程				设备 工具 器具 家具						其他				
		结构	面积	金额	其中：分摊待摊投资	名称	规格型号	数量	金额	其中：设备安装费	其中：分摊待摊投资	名称	金额	名称	金额	名称	金额

交付单位：　　　　　　　　　负责人：　　　　　　　　接收单位：　　　　　　　　负责人：

盖章：　　　　　　　　　　　年　月　日　　　　　　　盖章：　　　　　　　　　　年　月　日

附表 2-6　待摊投资明细表

项目名称：　　　　　　　　　　　　　　　　　　　　　　　　　（单位：元）

项目	金额	项目	金额
1. 勘察费		25. 社会中介机构审计(查)费	
2. 设计费		26. 工程检测费	
3. 研究试验费		27. 设备检验费	
4. 环境影响评价费		28. 负荷联合试车费	
5. 监理费		29. 固定资产损失	
6. 土地征用及迁移补偿费		30. 器材处理亏损	
7. 土地复垦及补偿费		31. 设备盘亏及毁损	
8. 土地使用税		32. 报废工程损失	
9. 耕地占用税		33. (贷款)项目评估费	
10. 车船税		34. 国外借款手续费及承诺费	
11. 印花税		35. 汇兑损益	
12. 临时设施费		36. 坏账损失	
13. 文物保护费		37. 借款利息	
14. 森林植被恢复费		38. 减:存款利息收入	
15. 安全生产费		39. 减:财政贴息资金	
16. 安全鉴定费		40. 企业债券发行费用	
17. 网络租赁费		41. 经济合同仲裁费	
18. 系统运行维护监理费		42. 诉讼费	
19. 项目建设管理费		43. 律师代理费	
20. 代建管理费		44. 航道维护费	
21. 工程保险费		45. 航标设施费	
22. 招标投标费		46. 航测费	
23. 合同公证费		47. 其他待摊投资性质支出	
24. 可行性研究费		合计	

附表 2-7　待核销基建支出明细表

项目名称：
（单位:元）

不能形成资产部分的财政投资支出				用于家庭或个人的财政补助支出			
支出类别	单位	数量	金额	支出类别	单位	数量	金额
1. 江河清障				1. 补助群众造林			
2. 航道清淤				2. 户用沼气工程			
3. 飞播造林				3. 户用饮水工程			
4. 退耕还林(草)				4. 农村危房改造工程			
5. 封山(沙)育林(草)				5. 垦区及林区棚户区改造			
6. 水土保持				…			
7. 城市绿化							
8. 毁损道路修复							
9. 护坡及清理							
10. 取消项目可行性研究费							
11. 项目报废							
…							
合计				合计			

附表 2-8　转出投资明细表

项目名称：

（单位：元）

序号	单项工程名称	建筑工程				设备 工具 器具 家具							其他		流动资产		无形资产	
		结构	面积	金额	其中：分摊待摊投资	名称	规格型号	单位	数量	金额	其中：设备安装费	其中：分摊待摊投资	名称	金额	名称	金额	名称	金额
1																		
2																		
3																		
4																		
5																		
6																		
7																		
8																		

支付单位：　　　　　　　　　　　　接收单位：

盖章：　　　　　　　　　　　　　　盖章：

负责人：　　　　　　　　　　　　　负责人：

年　月　日　　　　　　　　　　　　年　月　日

附录三　项目资料管理原始记录表格

工程开工/复工令

编号：

工程名称	

致_____（施工单位）：

你方于___年__月__日报送的_____工程开工/复工申请已经通过审核,你方可从即日起,按施工计划安排开工/复工。

本开工/复工令确定此(　　　)工程的实际开工/复工日期为___年__月__日。

项目监理机构(盖章)：

总监理工程师(签字)：

日期：　　　年　　月　　日

今已收到工程开工/复工令。

施工单位(盖章)：

项目经理(签字)：

日期：　　　年　　月　　日

注:本表一式3份,经监理单位签发后,施工单位、承担单位、监理机构各存一份。

工程暂停令

编号：

工程名称	

致＿＿＿＿＿＿＿＿＿＿＿＿＿＿＿（施工单位）：

　　由于＿＿＿＿＿＿＿＿＿＿＿＿＿＿＿＿＿原因，现通知你方必须于＿＿ 年＿ 月＿ 日＿ 时起，对本工程的＿＿＿＿＿＿＿＿＿＿＿＿＿＿＿＿＿部位（工序）实施暂停施工，并按下述要求做好各项工作。

　　　　　　　　　　　　项目监理机构（盖章）：

　　　　　　　　　　　　总监理工程师（签字）：

　　　　　　　　　　　　日期：　　　年　　月　　日

注：本表一式 3 份，经项目监理机构签发后，项目承担单位、项目监理机构、施工单位各存一份。

监理工程师通知单

编号：

工程名称	

致＿＿＿＿＿＿＿＿＿＿＿＿＿＿（施工单位）：

事由：

内容：

项目监理机构（盖章）：

总监理工程师（签字）：

日期：　　　年　　月　　日

签收人：　　　　　　　　　　　　　　　　签收日期：　　年　月　日

注：本表一式3份，经监理单位签发后，施工单位、承担单位、监理机构各存一份。

监理通知回复单

编号：

工程名称	

致＿＿＿＿＿＿＿＿＿＿＿＿＿＿＿（项目监理机构）：

　　我方接到第(　　　　　　)号监理通知后,已按要求完成了＿＿＿＿＿＿＿＿＿＿＿＿＿＿＿
工作,特此回复,请予以复查。

　　详细内容：

　　　　　　　　　　　　　　施工单位(盖章)：

　　　　　　　　　　　　　　项目经理(签字)：

　　　　　　　　　　　　　　日期：　　　年　　月　　日

审查意见：

　　　　　　　　　　　　　　项目监理机构(盖章)：

　　　　　　　　　　　　　　总监理工程师(签字)：

　　　　　　　　　　　　　　日期：　　　年　　月　　日

注:本表由施工单位填报,项目监理机构、施工单位各存一份。

工作联系表

编号：

工程名称	

致_____(单位)：

事由：

内容：

发出单位(盖章)：

单位负责人(签字)：

日期：　　　　　年　月　日

签收人：　　　　　　　　　　　　　　　签收日期：　　　年　月　日

监理巡视记录

项目工程名称		分部工程名称	
施工单位		项目经理	

巡视范围及内容：

工程形象进度：

巡视记录：

整改意见及处理结果：

巡视人：

年　月　日

监理抽检记录

项目工程名称		分部工程名称	
施工单位		项目经理	

抽检范围及内容：

工程形象进度：

抽检记录：

整改意见及处理结果：

抽检人：

年　　月　　日

旁站监理记录表

编号：

工程名称	
天气情况：	气温：
旁站监理的部位或工序：	
旁站监理开始时间：	旁站监理结束时间：
施工情况：	
监理情况：	
发现问题：	
处理意见：	
处理结果：	
项目监理机构（盖章）： 监理员（签字）： 日期：　　　年　　月　　日	
注：本表由项目监理机构、施工单位各存一份。	

工程款支付证书

编号：

工程名称			日期	

致＿＿＿＿＿＿＿＿＿（项目承担单位）：

经审核＿＿＿＿＿＿＿＿＿＿＿（施工单位）的付款申请和报表，并扣除有关款项，同意本期支付工程款共计（大写）＿＿＿＿＿＿＿＿＿＿＿＿＿＿＿＿，（小写）＿＿＿＿＿＿＿＿＿＿＿，请按合同规定及时付款。

附件：

1. 施工单位的工程付款申请表及附件

2. 项目监理机构审查说明

合同额	本期申报付款数	核定数	应扣款	本期应付款	至本期合计支付

项目监理机构审查意见： 总监理工程师（签字）： 日期：　　年　　月　　日	项目承担单位审查意见： 负责人（签字）： 日期：　　年　　月　　日

注：本表项目承担单位、项目监理机构、施工单位各存一份。

工程款支付申请表

编号：

工程名称	

致＿＿＿＿＿＿（项目监理机构）：

　　我方已完成了＿＿＿＿＿＿＿＿＿＿＿＿工作，按承包合同的规定，项目承担单位应在＿＿年＿＿月＿＿日前支付＿＿＿＿＿＿款共计（大写）＿＿＿＿＿＿＿＿，（小写）＿＿＿＿＿＿＿＿，现报上工程款支付申请表，请予以审查并开具工程款支付证书。

附件：

　1. 工程计量报验单

　2. 工程变更资料

　3. 工程量清单

施工单位（盖章）：

项目经理（签字）：

日期：　　　年　　月　　日

注：本表由施工单位填报，项目监理机构、施工单位各存一份。

工程款支付审批单

工程名称		单项工程名称	
施工单位		标段名称	

资金审批记录

施工单位申请数：

总监审定数：

批准支付数：

项目承担单位审批意见：

监管单位(签章)：

年　　月　　日

工程量签证单

项目工程名称： 工程编号：

施工单位： 编　号：

单项工程名称	
分部分项工程或部位	

工程内容：

　　附件:□工程质量检查验收记录　　□工程技术签证单　　□隐蔽工程验收单

　　施工单位(盖章)　　　　　　项目经理：

　　　　　　　　　　　　　　　　　　时间：　　年　月　日

专业监理工程师审核意见：	项目承担单位审核意见：
签字：　　　　年　月　日	签字：　　　　年　月　日
监理单位(盖章)： 总监理工程师(签字)： 　　　　　年　月　日	项目监管单位(盖章)： 　　　　　年　月　日
注:本表所签工程量作为施工单位申请进度款的依据。	

工程开工/复工报审表

编号：

工程名称	

致_____（项目监理机构）：

我方承担的_____工程，已完成了以下各项工作，具备了开工/复工条件，计划于____年__月__日开工，请审批。

已完成报审的条件有：

1. □ 施工组织设计（含主要管理人员和特殊工种资格证明）

2. □ 施工测量放线

3. □ 主要人员、材料、设备进场

4. □ 施工现场道路、水、电、通信等已达到开工条件

施工单位（盖章）：

项目经理（签字）：

日期：　　　年　　月　　日

审查意见：

项目监理机构（盖章）：

监理工程师（签字）：

日期：　　　年　　月　　日

注：本表由施工单位填报，项目承担单位、项目监理机构、施工单位各存一份。

开工报告

项目工程名称		监理单位	
工程地点		施工单位	
中标通知书编号		施工图纸会审情况	
合同造价		材料设备准备情况	
计划开工日期	开工条件说明	施工现场质量管理检查情况	
计划竣工日期		三通一平情况	
实际开工日期		工程预算编审情况	
合同工期		施工队伍进场情况	
合同编号		施工机械进场情况	
审核意见	项目承担单位 项目负责人：　（公章） 　年　月　日	监理单位 总监理工程师：　（公章） 　年　月　日	施工单位 单位负责人：　（公章） 　年　月　日

施工组织设计(施工方案)报审表

编号：

工程名称	

致_____(项目监理机构)：

　　我方已根据承包合同的有关规定完成了_____工程施工组织设计(方案)的编制，请予以审查。

附:施工组织设计(方案)

施工单位(盖章)：

项目经理(签字)：

日期：　　　年　　月　　日

审查意见：

监理工程师(签字)：

日期：　　　年　　月　　日

审批结论：

项目监理机构(盖章)：

总监理工程师(签字)：

日期：　　　年　　月　　日

注:本表由施工单位填报,项目承担单位、项目监理机构、施工单位各存一份。

施工进度计划报审表

编号：

工程名称	

致＿＿＿＿＿＿＿＿＿＿＿＿＿＿＿（项目监理机构）：

现报上＿＿＿＿＿＿＿＿＿＿＿＿＿＿＿＿＿工程＿＿＿＿＿＿＿＿＿＿ 施工进度计划，请予以审查和批准。

附件：

□ 施工进度计划（说明、图表、工程量、工作量、资源配备）＿＿＿＿＿份

施工单位（盖章）：

项目经理（签字）：

日期：　　　年　　月　　日

项目监理机构审查意见

审查结论：　　　　□ 同意　　　　□ 修改后再报

项目监理机构（盖章）：

总监理工程师（签字）：

日期：　　　年　　月　　日

注：1.本表由施工单位填报，项目承担单位、项目监理机构、施工单位各存一份。

　　2.总进度计划必须由总监理工程师签字。

施工机械、安全设施验收报审表

编号：

工程名称	

致＿＿＿＿＿＿＿＿＿＿＿＿＿(项目监理机构)：

　　我方承担的＿＿＿＿＿＿＿＿＿＿＿＿＿＿工程的＿＿＿＿＿＿＿＿＿＿＿＿□施工机械、□施工安全设施已验收(检测)合格,验收手续已齐全,现将＿＿＿＿＿＿＿＿报送给你们,请审查。

附件：

　　1.施工机械验收(检测)证明文件

　　2.安全设施验收(检测)证明文件

施工单位(盖章)：

项目经理(签字)：

日期：　　年　　月　　日

审查意见：

审查结论：　　　　□ 同意　　　　　　□ 不同意

项目监理机构(盖章)：

总监理工程师(签字)：

日期：　　年　　月　　日

注:本表由施工单位填报,项目承担单位、项目监理机构、施工单位各存一份。

技术、安全交底记录

施工单位：　　　　　　　　　年　　月　　日　　　　　　　编号：

工程名称		交底部位		共	页
				第	页

交底内容：

技术负责人：　　　　　　交底人：　　　　　　接交人：

施工日志	天气情况		单元工程名称	
	日期		年　月　日	星期
人员情况				
机械情况				

施工情况记录:(部位、内容、施工过程、完成工程量、质量情况)

工程检查验收情况:(自检情况,监理、项目承担单位验收情况,复核单位核准情况)

其他事项记录:(安全技术交底及检查记录、会议记录、工程变更、上级部门检查等)

工程负责人		记录人	

工程质量报验单

工程名称：　　　　　　　　　　　　　　　　　　　　　　　　　　　　编号：

致＿＿＿＿＿＿＿＿＿＿＿＿＿＿＿＿＿＿（项目监理机构）：

　　现我方已完成＿＿＿＿＿＿＿＿＿＿＿＿＿＿＿＿工程，经我方检验符合设计、规范要求，请予以验收。

附件：
1.□ 质量控制资料汇总表　　　　　　　＿＿＿页
2.□ 隐蔽工程检查记录表　　　　　　　＿＿＿页
3.□ 施工试验记录　　　　　　　　　　＿＿＿页
4.□ 工程质量检验评定记录　　　　　　＿＿＿页

　　　　　　　　　　　　　　　施工单位(盖章)：
　　　　　　　　　　　　　　　项目经理(签字)：
　　　　　　　　　　　　　　　日期：　　年　　月　　日

审查意见：
　　具备/不具备验收条件,同意/不同意组织验收。

　　　　　　　　　　　　　　　项目监理机构(盖章)：
　　　　　　　　　　　　　　　总监理工程师(签字)：
　　　　　　　　　　　　　　　日期：　　年　　月　　日

注:本表由施工单位填报,项目承担单位、项目监理机构、施工单位各存一份。

单项工程质量检验评定表

编号：

工程名称			单项工程			
施工单位			施工日期	自　　　年　　月　　日至 年　　月　　日		
单位工程数量			评定日期	年　　月　　日		
序号	单位工程名称	单位工程数量	质量等级		说明	
			合格数量	其中优良数量		
1						
2						
3						
4						
5						
6						
7						
8						
合计						

1. 单位工程合计____个,全部合格;其中优良工程____个,优良率____%,主要单位工程优良率___%

2. 施工质量控制及检验资料是否齐全：

3. 质量事故及质量缺陷处理情况：

专业质检员				监理工程师	
单项工程质量检验与评定	施工单位自评结果	单位工程评定全部合格,优良率达到　　%; 符合设计及施工质量验收与评定标准的要求。 项目经理：　　　　　　（签字） 技术负责人：　　　　　（签字盖公章） 日　　　期：		自评意见：	
				单项工程质量等级：	
	监理单位复核意见	复核结果与自评结果□相符/□不相符; □同意/□不同意验收。 监理工程师：　　　　　（签字） 总　　监：　　　　　　（签字盖公章） 日　　　期：		复核意见：	
				单项工程质量等级：	
	承担单位认定意见	认定结果与复核结果□相符/不相符; □同意/□不同意验收。 现场代表：　　　　　　（签字） 技术负责人：　　　　　（签字盖公章） 日　　　期：		认定意见：	
				单项工程质量等级：	

单位工程质量评定表

编号：

工程名称		单位工程	
施工单位		施工日期	自　　年　　月　　日至 　　年　　月　　日
分部工程数量		评定日期	年　　月　　日

序号	分部工程名称	分部工程数量	质量等级		说明
			合格数量	其中优良数量	
1					
2					
3					
4					
5					
6					
7					
8					
	合计				

1. 分部工程合计＿＿＿个,全部合格;其中优良工程＿＿＿个,优良率＿＿＿%,主要分部工程优良率＿＿＿%

2. 施工质量控制及检验资料是否齐全:

3. 质量事故及质量缺陷处理情况:

专业质检员			监理工程师	
单位工程质量评定	施工单位自评结果	分部工程评定全部合格,优良率达到＿＿＿%,符合设计及施工质量验收评定标准的要求。 项目经理:　　　　　（签字） 技术负责人:　　　（签字盖公章） 日　　期:	自评意见:	
			单位工程质量等级:	
	监理单位复核意见	复核结果与自评结果□相符/□不相符; □同意/□不同意验收。 监理工程师:　　　（签字） 总　　监:　　　　（签字盖公章） 日　　期:	复核意见:	
			单位工程质量等级:	
	承担单位认定意见	认定结果与复核结果□相符/□不相符; □同意/□不同意验收。 现场代表:　　　　（签字） 技术负责人:　　　（签字盖公章） 日　　期:	认定意见:	
			单位工程质量等级:	

分部工程质量评定表

编号：

工程名称		分部工程				
施工单位		施工日期	自 年 月 日至 年 月 日			
单元工程数量		评定日期	年 月 日			

序号	单元工程名称	单元工程数量	质量等级		说明
			合格数量	其中优良数量	
1					
2					
3					
4					
5					
6					
7					
8					
合计					

1. 单元工程合计＿＿个，全部合格；其中优良工程＿＿个，优良率＿＿％，主要单元工程优良率＿＿％

2. 施工质量控制及检验资料是否齐全：

3. 质量事故及质量缺陷处理情况：

专业质检员			监理工程师	

分部工程质量评定	施工单位自评结果	单元工程评定全部合格，优良率达到＿＿％，符合设计及施工质量验收评定标准的要求。 项目经理： （签字） 技术负责人： （签字盖公章） 日 期：	自评意见：
			分部工程质量等级：
	监理单位复核意见	复核结果与自评结果□相符/□不相符；□同意/□不同意验收。 监理工程师： （签字） 总 监： （签字盖公章） 日 期：	复核意见：
			分部工程质量等级：
	承担单位认定意见	认定结果与复核结果□相符/□不相符；□同意/□不同意验收。 现场代表： （签字） 技术负责人： （签字盖公章） 日 期：	认定意见：
			分部工程质量等级：

单元工程质量检验评定表

编号：

工程名称			单元工程		
施工单位			施工日期		自　　年　　月　　日至 　　年　　月　　日
工序质量 项目数量			评定日期		年　　月　　日

序号	工序质量项目	检测数量	质量等级		说明
			合格数量	其中:优良数量	
1					
2					
3					
4					
5					
6					
7					
8					
合计					
其中:隐蔽工程、关键部位					

1. 工序质量项目____个,全部合格;其中优良工程____个,优良率____%,隐蔽工程、关键部位合格率____%

2. 施工质量控制及检验资料是否齐全:

3. 质量事故及质量缺陷处理情况:

专业质检员				监理工程师	
单元 工程 质量 评定	施工单位 自检结果	工序质量项目评定全部合格,优良率达到____%,符合设计及施工质量验收评定标准的要求。 技术负责人:(签字盖公章) 日　　期:		自检意见:	
				单元工程质量等级:	
	监理单位 抽检意见	抽检结果与自检结果□相符/□不相符;□同意/□不同意验收。 监理工程师:(签字盖公章) 日　　期:		抽检意见:	
				单元工程质量等级:	

工序质量检验评定表

编号：

单项工程名称		单位工程名称		
分部工程名称		单元工程名称		
施工单位		检测项目		
检查项目		质量标准	施工单位检查记录	监理单位验收记录
主控项目				
	允许偏差项目			
一般项目				
	允许偏差项目			
	专业质检员		专业监理员	
单元工程质量评定	施工单位自检结果	主控项目评价指标全部合格，允许偏差项目合格率达到___%；符合设计及施工质量验收评定标准的要求。		自检意见：
		技术负责人： 日期：		质量等级：
	监理单位抽检意见	□抽检结果与自检结果相符/不相符； □同意/不同意验收。		抽检意见：
		监理工程师： 日期：		质量等级：
注:某工序质量出现不合格标准时,其质量记录表格连同合格项目的质量记录表格一起留存备查。				

田面平整单元工程工序质量检验评定表

编号：

单项工程名称				单位工程名称		
分部工程名称				单元工程名称		
施工单位				检测项目		
检查项目			质量标准	施工单位检查记录		监理单位验收记录
主控项目	土方开挖		田块和内部格田（梯田）与地形地势相结合，平顺协调			
	土方回填		田块和内部格田（梯田）与地形地势相结合，平顺协调。应考虑必要的土壤松散系数及超填量			
	允许偏差项目	田面平整度 水田	±3 cm			
		田面平整度 旱地	±5 cm			
一般项目	观感		田块、格田（梯田）高差合理，满足农业生产要求			
	允许偏差项目 土方挖填	机械 长度	+50 cm			
		机械 宽度	±50 cm			
		机械 标高	±5 cm			
		人工 长度	±100 cm			
		人工 宽度	±100 cm			
		人工 标高	±7 cm			
专业质检员				专业监理员		
单元工程质量评定	施工单位自检结果		主控项目评价指标全部合格，允许偏差项目合格率达到____%；符合设计及施工质量验收评定标准的要求。			自检意见：
			技术负责人：　　　　　日期：			质量等级：
	监理单位抽检意见		□抽检结果与自检结果相符/不相符； □同意/不同意验收。			抽检意见：
			监理工程师：　　　　　日期：			质量等级：
注：某工序质量出现不合格标准时，其质量记录表格连同合格项目的质量记录表格一起留存备查。						

埂坎修筑单元工程工序质量检验评定表

编号：

	单项工程名称		单位工程名称	
	分部工程名称		单元工程名称	
	施工单位		检测项目	
	检查项目	质量标准	施工单位检查记录	监理单位验收记录
主控项目	填筑材料	回填土料不含草根、树皮、建渣等杂物,回填土料含水率等物理特性需满足设计要求;不得含有有毒有害物质		
	基面清理	回填前要求进行基面清理。清基断面、基础承载力应满足设计要求。要求基底平整、密实、无松土、无杂物及积水		
	填筑	填料应分层填筑、压实,无漏压、欠压和出现弹簧土。田埂(坎)采用小型机械夯实时铺料厚度应≤35 cm,人工夯实铺料厚度应≤25 cm		
	压实度和干密度	满足设计提出的压实度和干密度要求。田埂(坎)≥90%		
	允许偏差项目　高度	允许偏差±2 cm		
	轴线偏移	田埂(坎)±3 cm		
一般项目	含水率	满足填筑压实度和干密度要求的最优含水率		
	填料粒径	填料土料土块粒径一般应<5 cm		
	堆料	填筑用土料应堆放在开挖或回填作业边界2 m以外,且堆放高度不得超过生产安全规定		
	外观	线条顺直,边坡稳定,表层平整,密实坚固,不应有松散、塌陷、衔接自然,转弯平顺		
	允许偏差项目　长度、宽度	田埂(坎)允许偏差±5 cm		
	边坡陡度	允许偏差±3°		
	顶面平整度	允许偏差±2 cm		
	专业质检员		专业监理员	
单元工程质量评定	施工单位自检结果	主控项目评价指标全部合格,允许偏差项目合格率达到____%;符合设计及施工质量验收评定标准的要求。技术负责人：　　　日期：	自检意见： 质量等级：	
	监理单位抽检意见	□抽检结果与自检结果相符/不相符; □同意/不同意验收。 监理工程师：　　　日期：	抽检意见： 质量等级：	
注:某工序质量出现不合格标准时,其质量记录表格连同合格项目的质量记录表格一起留存备查。				

客土回填单元工程工序质量检验评定表

编号：

单项工程名称			单位工程名称	
分部工程名称			单元工程名称	
施工单位			检测项目	

检查项目		质量标准	施工单位检查记录	监理单位验收记录
主控项目	土料	田块内部回填土料不含草根、树皮、树根、石块、建渣等杂物；不得含有有毒有害物质。物理化学特性应满足作物种植要求，土块粒径≤10 cm		
	客土回填	客土回填区域、面积、厚度应符合设计要求。同时应考虑必要的土壤松散系数及超填量，其值由试验确定		
	允许偏差项目 客土回填厚度	允许偏差+5 cm		
一般项目	观感	田块、格田(梯田)高差合理，满足农业生产要求		
	专业质检员		专业监理员	

单元工程质量评定	施工单位自检结果	主控项目评价指标全部合格,允许偏差项目合格率达到___%;符合设计及施工质量验收评定标准的要求。 技术负责人： 日期：	自检意见： 质量等级：
	监理单位抽检意见	□抽检结果与自检结果相符/不相符； □同意/不同意验收。 监理工程师： 日期：	抽检意见： 质量等级：

注:某工序质量出现不合格标准时,其质量记录表格连同合格项目的质量记录表格一起留存备查。

田块覆土隐蔽工程验收记录

项目工程名称		隐检项目	
隐蔽验收部位		隐检时间	
隐检依据			

隐检内容:
　　对废弃的砖瓦窑、排水渠道等不良地质清理、整平、碾压情况,基底平整度、基底标高,分层碾压质量,覆土土质,覆土厚度。

施工单位自查情况与结论:

监理(项目承担)单位验收意见与结论:

监理(项目承担)单位(签章)	施工单位(签章)		
专业监理工程师: (项目承担单位项目专业技术负责人) 年　月　日	专业技术负责人	质检员	专业工长

表土保护单元工程工序质量检验评定表

编号：

单项工程名称			单位工程名称	
分部工程名称			单元工程名称	
施工单位			检测项目	

检查项目			质量标准	施工单位检查记录	监理单位验收记录
主控项目	土料		田块内部回填土料不含草根、树皮、树根、石块、建渣等杂物；不得含有有毒有害物质。物理化学特性应满足作物种植要求，土块粒径≤10 cm		
	表土剥离		表土剥离区域及面积应符合设计要求。剥离厚度应均匀并符合设计要求。设计无规定时，剥离厚度≥20 cm		
	表土回覆		表土回覆区域应与表土剥离区域相对应，回覆面积、回覆厚度不得低于设计要求		
	允许偏差项目	田面平整度	水田	±3 cm		
			旱地	±5 cm		
		表土剥离厚度	±5 cm		
一般项目	堆料		土料应堆放在开挖或回填作业边界2 m以外，且堆放高度不得超过生产安全规定。剥离后的表土应集中堆放，并加以覆盖，围栏保护，避免流失和污染		
	观感		田块、格田(梯田)高差合理，满足农业生产要求		
	专业质检员			专业监理员	
单元工程质量评定	施工单位自检结果		主控项目评价指标全部合格，允许偏差项目合格率达到____%；符合设计及施工质量验收评定标准的要求。		自检意见：
			技术负责人：　　　　日期：		质量等级：
	监理单位抽检意见		□抽检结果与自检结果相符/不相符； □同意/不同意验收。		抽检意见：
			监理工程师：　　　　日期：		质量等级：
注：某工序质量出现不合格标准时，其质量记录表格连同合格项目的质量记录表格一起留存备查。					

土地翻耕单元工程工序质量检验评定表

编号：

单项工程名称				单位工程名称		
分部工程名称				单元工程名称		
施工单位				检测项目		

检查项目		质量标准	施工单位检查记录	监理单位验收记录
主控项目	土料	田块内土料不含草根、树皮、树根、石块、建渣等杂物；不得含有有毒有害物质，物理化学特性应满足作物种植要求，土块粒径≤10 cm		
	土壤翻耕	翻耕深度应满足设计要求，设计无规定时，翻耕深度应≥25 cm		
一般项目	观感	田块、格田(梯田)高差合理，满足农业生产要求		
	允许偏差项目 土壤翻耕深度	允许偏差+10 cm		
专业质检员			专业监理员	

单元工程质量评定	施工单位自检结果	主控项目评价指标全部合格，允许偏差项目合格率达到____%；符合设计及施工质量验收评定标准的要求。	自检意见：
		技术负责人：　　　　　　日期：	质量等级：
	监理单位抽检意见	□抽检结果与自检结果相符/不相符； □同意/不同意验收。	抽检意见：
		监理工程师：　　　　　　日期：	质量等级：

注：某工序质量出现不合格标准时，其质量记录表格连同合格项目的质量记录表格一起留存备查。

砌体拆除单元工程工序质量检验评定表

单项工程名称			单位工程名称	
分部工程名称			单元工程名称	
施工单位			检测项目	

检查项目		质量标准	施工单位检查记录	监理单位验收记录
主控项目	砌体拆除	场地内建筑物、构筑物等地面建筑进行拆除；地表以下的建筑物和构筑物的地基基础按照设计要求全部进行开挖拆除；无设计要求时，开挖深度≥50 cm		
	垃圾清理	拆除的建筑垃圾，按照设计指定的地点进行外运或掩埋处理；已清理好的场地内土料不含杂草、石块、建渣等杂物；或者按照设计要求田块部分清理，平整覆土		
一般项目	堆料	土料应堆放在开挖作业边界2 m以外，且堆放高度不得超过生产安全相关规定，废弃土料、垃圾等应及时清理出场		
	专业质检员		专业监理员	
单元工程质量评定	施工单位自检结果	主控项目评价指标全部合格，允许偏差项目合格率达到____%；符合设计及施工质量验收评定标准的要求。 技术负责人：　　　　　日期：	自检意见： 质量等级：	
	监理单位抽检意见	□抽检结果与自检结果相符/不相符； □同意/不同意验收。 监理工程师：　　　　　日期：	抽检意见： 质量等级：	

注：某工序质量出现不合格标准时，其质量记录表格连同合格项目的质量记录表格一起留存备查。

废渣清理单元工程工序质量检验评定表

编号：

单项工程名称			单位工程名称	
分部工程名称			单元工程名称	
施工单位			检测项目	
检查项目		质量标准	施工单位检查记录	监理单位验收记录
主控项目	废渣开挖	场地内废渣、垃圾等地面附着物清理干净；地表以下的垃圾、石渣以及不适宜种植的杂土，按照设计要求深度进行开挖清理。无设计要求时，清理深度≥50 cm		
	废渣清理	拆除的废渣等垃圾，按照指定的地点进行外运或掩埋处理，已清理好的场地，按照设计要求，田块内土料不含杂草、石块、垃圾、建渣等杂物；或者部分清理平整覆土		
一般项目	堆料	土料应堆放在开挖作业边界2 m以外，且堆放高度不得超过生产安全相关规定，废弃土料、垃圾等应及时清理出场		
	专业质检员		专业监理员	
单元工程质量评定	施工单位自检结果	主控项目评价指标全部合格，允许偏差项目合格率达到＿＿＿%；符合设计及施工质量验收评定标准的要求。 技术负责人：　　　　　日期：		自检意见： 质量等级：
	监理单位抽检意见	□抽检结果与自检结果相符/不相符； □同意/不同意验收。 监理工程师：　　　　　日期：		抽检意见： 质量等级：
注：某工序质量出现不合格标准时，其质量记录表格连同合格项目的质量记录表格一起留存备查。				

材料/构配件/设备进场报验表

工程名称	

致 _____ (项目监理机构):

    现报上关于 _____ 工程的材料/构配件/设备进场检验记录,经我方检验符合设计规范及合同要求,请予以批准使用。

名称	主要规格	单位	数量	使用部位

附件:

1. □ 出厂合格证   _____ 页
2. □ 厂家质量检验报告   _____ 页
3. □ 厂家质量保证书   _____ 页
4. □ 进场检查记录   _____ 页

施工单位(盖章):

项目经理(签字):

日期: 年   月   日

项目监理机构审查意见:

审查结论:□ 同意   □ 补报资料   □ 重新检验   □ 退场

项目监理机构(盖章):

监理工程师(签字):

日期: 年   月   日

注:本表一式 3 份,项目承担单位、项目监理机构、施工单位各存一份。

材料/构配件/设备进场报验表(续表)

名称	主要规格	单位	数量	使用部位

进场石骨料质量检验评定表

编号：

单项工程名称			单位工程名称	
分部工程名称			单元工程名称	
施工单位			检测项目	

检查项目		质量标准	施工单位检查记录	监理单位验收记录
主控项目	颗粒级配	5 mm 筛余量 90%～100%；10 mm 筛余量 70%～90%；20 mm 筛余量 15%～40%；30 mm 筛余量 5%		
	含泥量和泥块含量	含泥量按质量计≤1.5% 泥块含量按质量计≤0.7%		
	坚固性	质量损失≤8%		
	压碎指标	碎石压碎指标<30%，卵石压碎指标<16%		
	抗压强度	在水饱和状态下，其抗压强度算术平均值不小于 60 MPa		
	有害物质	不得含有草根、树叶、树枝、塑料、煤块和炉渣等杂物。硫化物硫酸盐<1%（按质量计）		
一般项目	表观密度	>2 500 kg/m³		
	堆积密度，孔隙率	堆积密度>1 350 kg/m³。孔隙率<47%		
	碱集料反应	试件膨胀率<0.10%		
	专业质检员		专业监理员	
单元工程质量评定	施工单位自检结果	主控项目评价指标全部合格，允许偏差项目合格率达到___%；符合设计及施工质量验收评定标准的要求。 技术负责人：　　　　　　日期：	自检意见： 质量等级：	
	监理单位抽检意见	□抽检结果与自检结果相符/不相符； □同意/不同意验收。 监理工程师：　　　　　　日期：	抽检意见： 质量等级：	

注：某工序质量出现不合格标准时，其质量记录表格连同合格项目的质量记录表格一起留存备查。

进场毛(块)石质量检验评定表

编号：

单项工程名称			单位工程名称	
分部工程名称			单元工程名称	
施工单位			检测项目	

检查项目		质量标准	施工单位检查记录	监理单位验收记录
主控项目	抗压强度	基础抗压强度≥60 MPa；边坡和挡墙抗压强度≥50 MPa		
	软化系数	>0.85		
	石材表面清洁度	石材表面不得有泥垢、水锈等杂质，存在杂质的砌筑前应清除干净		
	风化和裂纹	石材应质地坚实，无风化剥落和裂纹		
一般项目	外形尺寸	毛石：小≥200 mm；块石：150~400 mm片石：50~150 mm		
	专业质检员		专业监理员	
单元工程质量评定	施工单位自检结果	主控项目评价指标全部合格，允许偏差项目合格率达到___%；符合设计及施工质量验收评定标准的要求。 技术负责人：　　　　　日期：	自检意见： 质量等级：
	监理单位抽检意见	□抽检结果与自检结果相符/不相符； □同意/不同意验收。 监理工程师：　　　　　日期：	抽检意见： 质量等级：

注：某工序质量出现不合格标准时，其质量记录表格连同合格项目的质量记录表格一起留存备查。

进场砂料质量检验评定表

编号：

单项工程名称			单位工程名称	
分部工程名称			单元工程名称	
施工单位			检测项目	

检查项目		质量标准	施工单位检查记录	监理单位验收记录
主控项目	颗粒级配	1. 18 mm 筛余量 10%～60%；2. 36 mm 筛余量 0.35%；4. 75 mm 筛余量 0.10%		
	含泥量、石粉含量和泥块含量	含泥量、石粉含量按质量计≤5%；泥块含量≤2%		
	坚固性	天然砂质量损失≤10% 人工砂压碎指标≤30%		
	有害物质	不得含有草根、树叶、树枝、塑料、煤块和炉渣等杂物，云母按质量计≤2%，轻物质≤1%，硫化物及硫酸盐≤0.5%，氯化物≤0.02%		
一般项目	表观密度	>2 500 kg/m³		
	堆积密度、孔隙率	堆积密度>1 350 kg/m³。孔隙率<47%		
	碱集料反应	试件膨胀率<0.10%		
	专业质检员		专业监理员	
单元工程质量评定	施工单位自检结果	主控项目评价指标全部合格，允许偏差项目合格率达到____%；符合设计及施工质量验收评定标准的要求。 技术负责人：　　　　　日期：	自检意见： 质量等级：	
	监理单位抽检意见	□抽检结果与自检结果相符/不相符； □同意/不同意验收。 监理工程师：　　　　　日期：	抽检意见： 质量等级：	
注：某工序质量出现不合格标准时，其质量记录表格连同合格项目的质量记录表格一起留存备查。				

进场水泥质量检验评定表

编号：

单项工程名称			单位工程名称	
分部工程名称			单元工程名称	
施工单位			检测项目	
检查项目		质量标准	施工单位检查记录	监理单位验收记录
主控项目	安定性	沸煮法检验必须合格；水泥中氧化镁含量不得超过 5.0%，如果水泥经压蒸安定性试验合格，则水泥中氧化镁的含量允许放宽到 6.0%；水泥中三氧化硫的含量不得超过 3.5%		
	凝结时间	初凝时间不得迟于 45 min，终凝时间不得迟于 10 h(600 min)。硅酸盐水泥终凝时间<390 min		
	强度	水泥规定龄期的抗压强度和抗折强度满足标号的强度要求		
一般项目	出厂检验	水泥进场时应对其产品、级别、包装或散装仓号、出厂日期进行检查，并应对其强度、安定性及其他必要的性能指标进行复检		
	细度	比表面积>300 m²/kg，80 μm 方筛余量<10%		
	碱含量	水泥中碱含量不得大于 0.6%		
	专业质检员		专业监理员	
单元工程质量评定	施工单位自检结果	主控项目评价指标全部合格，允许偏差项目合格率达到___%；符合设计及施工质量验收评定标准的要求。 技术负责人：　　　　　日期：	自检意见： 质量等级：
	监理单位抽检意见	□抽检结果与自检结果相符/不相符； □同意/不同意验收。 监理工程师：　　　　　日期：	抽检意见： 质量等级：
注：某工序质量出现不合格标准时，其质量记录表格连同合格项目的质量记录表格一起留存备查。				

进场钢筋质量检验评定表

编号：

单项工程名称				单位工程名称	
分部工程名称				单元工程名称	
施工单位				检测项目	
检查项目			质量标准	施工单位检查记录	监理单位验收记录
主控项目	力学性能		钢筋的屈服强度、抗拉强度应符合设计要求，钢筋的断后伸长率应符合国家标准要求		
	弯曲性能		钢筋弯曲后，受弯曲部位表面不得产生裂纹。其中，Ⅰ级钢筋180°后弯曲直径为 $3d$，Ⅱ、Ⅲ、Ⅳ级钢筋弯曲90°后弯曲直径 $5d$		
	允许偏差项目	直径、长度	钢筋公称直径允许偏差±4.0%，长度允许偏差±5.0%		
		重量偏差	理论重量与实际重量允许偏差±5%		
一般项目	弯曲度		总弯曲度不大于钢筋总长度的0.4%		
	表面质量		钢筋表面无缺陷，不得有裂纹和局部颈缩		
	专业质检员			专业监理员	
单元工程质量评定	施工单位自检结果		主控项目评价指标全部合格，允许偏差项目合格率达到___%；符合设计及施工质量验收评定标准的要求。 技术负责人：　　　　日期：	自检意见： 质量等级：	
	监理单位抽检意见		□抽检结果与自检结果相符/不相符； □同意/不同意验收。 监理工程师：　　　　日期：	抽检意见： 质量等级：	
注：某工序质量出现不合格标准时，其质量记录表格连同合格项目的质量记录表格一起留存备查。					

基坑、基槽开挖工程质量检验评定标准表(1)

编号：

单项工程名称			单位工程名称	
分部工程名称			单元工程名称	
施工单位			检测项目	
检查项目		质量标准	施工单位检查记录	监理单位验收记录
主控项目	基面清理	在坑槽挖填前要求进行基面清理,清基断面、基础承载力应满足设计要求,一般高度在30 cm以上应上下错台。要求基底土石平整、密实、无松土、松动石块、杂物及积水。软弱基础可采用换填、抛石排淤等措施处理,满足对上层构筑物的设计承载要求		
	土方开挖	开挖边坡陡度和基底土石物理特性应满足设计要求。机械开挖时,沟槽底应预留5~30 cm保护层,人工清理至设计高程,并保持原状地基土无扰动、受水浸泡或受冻。开挖高度过高应考虑错台,开挖边坡的支护应在分层开挖过程中逐层进行		
	基底土性	基底和边坡土性应是原土层或者是夯实的回填土,不允许杂土或碎砾石		
一般项目	堆料	土料应堆放在开挖、填筑作业边界2 m以外,且堆放高度不得超过生产安全相关规定。废弃土料和无法利用的泥浆、杂物等应及时清运出场		
	开挖坡度	不陡于设计值		
	纵坡	满足设计要求		
	允许偏差项目　土方开挖长、宽、高程	机械开挖标高(高度)允许偏差+5 cm;长度及宽度允许偏差+20 cm;人工清理标高(高度)允许偏差+3 cm;长度允许偏差+10 cm、宽度允许偏差+5 cm								
	底部、表面平整度	允许偏差±3 cm							
	专业质检员		专业监理员		
单元工程质量评定	施工单位自检结果	主控项目评价指标全部合格,允许偏差项目合格率达到___%;符合设计及施工质量验收评定标准的要求。　技术负责人：　　　　　日期：		自检意见：　　质量等级：
	监理单位抽检意见	□抽检结果与自检结果相符/不相符;□同意/不同意验收。　监理工程师：　　　　　日期：		抽检意见：　　质量等级：
注:某工序质量出现不合格标准时,其质量记录表格连同合格项目的质量记录表格一起留存备查。				

基坑、基槽回填工程质量检验评定标准表(2)

编号:

单项工程名称			单位工程名称		
分部工程名称			单元工程名称		
施工单位			检测项目		
检查项目		质量标准	施工单位检查记录		监理单位验收记录
主控项目	基面清理	在坑槽挖填前要求进行基面清理,清基断面、基础承载力应满足设计要求,一般高度在 30 cm 以上应上下错台。要求基底土石平整、密实、无松土、松动石块、杂物及积水。软弱基础可采用换填、抛石排淤等措施处理,满足对上层构筑物的设计承载要求			
	土方回填	回填土料粒径、级配、强度及含水率等物理特性需满足设计要求,填筑土料土块粒径一般应小于 10 cm。机械夯实时铺料厚度不应大于 25 cm,无漏压、欠压和出现弹簧土。人工夯实铺料厚度不应大于 20 cm,压实干密度满足设计要求,一般不低于 90%			
	石料回填	回填石料物理特性满足设计要求,块石一般要求大小均匀,最小边长≥20 cm,中心厚度≥15 cm;碎石回填最大粒径不超过分层压实厚度的 2/3。块石缝隙用片石填满铺平,孔隙率≤20%。碎石回填应分层压实,最大粒径不超过分层压实厚度的 2/3。压实干密度满足设计要求			
	土(砂)垫层	材料粒径、级配、含水层等物理特性满足设计要求。表面平整、密实、无杂物,与周边部件接触均匀、无孔隙			
	允许偏差项目 轴线位置偏移	允许偏差±5 cm			
	土石方回填长、宽、高程	机械开挖标高(高度)允许偏差+5 cm;长度及宽度允许偏差+20 cm;人工清理标高(高度)允许偏差+3 cm;长度允许偏差+10 cm、宽度允许偏差+5 cm			
	土(砂)垫层厚度	允许偏差±2 cm			
一般项目	堆料	土料应堆放在开挖、填筑作业边界 2 m 以外,且堆放高度不得超过生产安全相关规定。废弃土料和无法利用的泥浆、杂物等应及时清运出场			
	回填坡度	不陡于设计值			
	纵坡	满足设计要求			
	允许偏差项目 土方回填长、宽、高程	机械开挖标高(高度)允许偏差+5 cm;长度及宽度允许偏差+20 cm;人工清理标高(高度)允许偏差+3 cm;长度允许偏差+10 cm、宽度允许偏差+5 cm			
	底部、表面平整度	允许偏差±3 cm			
	专业质检员		专业监理员		
单元工程质量评定	施工单位自检结果	主控项目评价指标全部合格,允许偏差项目合格率达到___%;符合设计及施工质量验收评定标准的要求。 技术负责人: 日期:	自检意见: 质量等级:		
	监理单位抽检意见	□抽检结果与自检结果相符/不相符; □同意/不同意验收。 监理工程师: 日期:	抽检意见: 质量等级:		
注:某工序质量出现不合格标准时,其质量记录表格连同合格项目的质量记录表格一起留存备查。					

金属构件安装工程质量检验评定标准表

编号：

单项工程名称				单位工程名称		
分部工程名称				单元工程名称		
施工单位				检测项目		
检查项目		质量标准			施工单位检查记录	监理单位验收记录
主控项目	构件规格尺寸	金属构件所用材料必须符合相应国家标准,尺寸准确。 　埋件的制造要求:工作面直线度偏差不大于构件长度的1/1 500且不大于3 mm;侧面直线度偏差不大于构件长度的1/1 000且不大于4 mm;工作面局部平面度每米范围内偏差不大于1 mm且不超过2处;扭曲不大于1 mm				
	埋件安装	预埋在一期混凝土中的锚栓或锚板应按设计图样制造和预埋,一、二期混凝土的结合面应全部凿毛,二期混凝土的断面尺寸及预埋锚栓和锚板的位置应符合图样要求。底槛对门槽中心线允许偏差为±5 mm;底槛高程允许偏差为±5 mm;表面扭曲不大于2 mm。门槽中心线允许偏差为1~+3 mm;表面扭曲不大于2 mm				
	闸门安装	闸门在安装前应对其各项尺寸进行复测。止水橡胶表面应光滑平直,其厚度允许偏差为±1 mm;其余外形尺寸的允许偏差为设计尺寸的2%。平面闸门应做静平衡试验,试验方法为:将闸门吊离地面100 mm,通过滚轮或滑道的中心测量上、下游与左、右方向的倾斜,平面闸门的倾斜不应超过门高的1/1 000且不大于8 mm				
	螺杆启闭机安装	螺杆启闭机机座的纵横向中心线与闸门吊耳实际位置测得的起吊中心线的距离偏差不应超过±5 mm;高程偏差不超过5 mm;机座应与基础板紧密连接,其间隙在任何部位都不超过0.5 mm。螺杆启闭机累积螺距误差不大于0.15 mm				
允许偏差项目	门叶尺寸	厚度偏差≤3 mm,高度和宽度偏差≤5 mm				
	门叶对角线相对差	≤3 mm				
	门叶扭曲	≤1 mm				
	专业质检员				专业监理员	
单元工程质量评定	施工单位自检结果	主控项目评价指标全部合格,允许偏差项目合格率达到___%;符合设计及施工质量验收评定标准的要求。 技术负责人：　　　　　日期：			自检意见： 质量等级：	
	监理单位抽检意见	□抽检结果与自检结果相符/不相符; □同意/不同意验收。 监理工程师：　　　　　日期：			抽检意见： 质量等级：	
注:某工序质量出现不合格标准时,其质量记录表格连同合格项目的质量记录表格一起留存备查。						

预制混凝土管安装工程质量检验评定标准表

编号：

单项工程名称		单位工程名称	
分部工程名称		单元工程名称	
施工单位		检测项目	

检查项目			质量标准		施工单位检查记录	监理单位验收记录
主控项目		管材	管材必须表面平整、尺寸准确。混凝土管内外表面不能有裂纹、空鼓、脱皮等现象，强度达到设计要求			
		管沟	规格、尺寸符合设计要求，管沟应平整、密实、无松土、石块、杂物			
		管道铺设	管道中心线应平直，管底与槽底应贴合良好			
		管道连接	混凝土管采用平口式接头时，宜用钢丝网砂浆加固连接。砂浆应饱满，钢丝网和砂浆应接合紧密，管内不应残留砂浆。采用承插式接头时，插口面与承口面之间应留 3～8 mm 的伸缩余地；承插口间隙可填充油麻丝或沥青麻丝止水，也可采用橡胶圈止水。内水压力和管径较大的管段，接头用油膏连接，应在油膏外再用 1:2 的水泥砂浆沿承口边缘抹一个三角形的封口体			
		试水	管道系统达到设计强度后应对每条管道进行水压试验。试水压力应为管道系统的设计工作压力，保压时间不应小于 1 h，不允许有集中渗漏。试水不合格时应对管道采取修补措施，并重新试水，直至合格			
	允许偏差项目	管壁厚度	允许偏差±5 mm			
		轴线位置	允许偏差值小于 15 mm			
		相邻管节内底错	$DN≤1\ 000$ mm，允许偏差值≤3 mm；	3 mm		
			$DN≤1\ 000$ mm，允许偏差值≤5 mm	5 mm		
一般项目		堆料	土料应堆放在开挖或回填作业边界 2 m 以外，且堆放高度不得超过生产安全相关规定			
		回填	管道试水合格后可进行最终回填，管道埋深不小于设计值			
	允许偏差项目	管内底高程	允许偏差值±10 mm			
		端面垂直度	允许偏差值≤4 mm			
		管道蜂窝麻面面积	允许偏差值每侧不大于 1.0%			
	专业质检员				专业监理员	
单元工程质量评定	施工单位自检结果	主控项目评价指标全部合格，允许偏差项目合格率达到____%；符合设计及施工质量验收评定标准的要求。 技术负责人：　　　　日期：			自检意见： 质量等级：	
	监理单位抽检意见	□抽检结果与自检结果相符/不相符； □同意/不同意验收。 监理工程师：　　　　日期：			抽检意见： 质量等级：	
注：某工序质量出现不合格标准时，其质量记录表格连同合格项目的质量记录表格一起留存备查。						

混凝土质量检验评定表

编号：

单项工程名称			单位工程名称	
分部工程名称			单元工程名称	
施工单位			检测项目	
检查项目		质量标准	施工单位检查记录	监理单位验收记录
主控项目	材料	混凝土用石骨料、砂、混凝土符合"进场石骨料质量检验评定表""进场砂料质量检验评定表""进场水泥质量检验评定表"要求		
	混凝土用水	混凝土拌和用水可采用饮用水，当采用非饮用的地表水和地下水时，其 pH 应介于 6~7，其他矿物质含量符合规定，不能满足时应经检验测定满足设计要求		
	配合比、强度	通过试配确定配合比，混凝土用石、砂、水泥、水等配合比应满足配合比报告单的要求。同一验收批混凝土试块抗压强度平均值必须大于或等于设计强度等级所对应的立方体抗压强度，最小值不小于设计强度的 90%		
	最大水灰比和最小水泥用量	受雨雪影响的露天混凝土，位于水中或水位升降范围内、潮湿环境中的混凝土最大水灰比 0.7，最小水泥用量 250 kg；寒冷、严寒地区最大水灰比 0.6，最小水泥用量 325 kg，最大水泥用量不宜大于 550 kg		
	混凝土搅拌	原料每盘搅拌时间>3 min，延续时间<60 min，运输、浇筑、间歇时间<150 min，浇筑厚度表面振动<200 mm		
一般项目	坍落度	大体积混凝土（墩、墙、基础、道路）10~30 mm；梁、板、柱 30~50 mm；密配筋结构 50~80 mm		
	专业质检员		专业监理员	
单元工程质量评定	施工单位自检结果	主控项目评价指标全部合格，允许偏差项目合格率达到____%；符合设计及施工质量验收评定标准的要求。 技术负责人：　　　　　日期：	自检意见： 质量等级：	
	监理单位抽检意见	□抽检结果与自检结果相符/不相符； □同意/不同意验收。 监理工程师：　　　　　日期：	抽检意见： 质量等级：	
注：某工序质量出现不合格标准时，其质量记录表格连同合格项目的质量记录表格一起留存备查。				

砌筑砂浆质量检验评定表

编号:

单项工程名称			单位工程名称	
分部工程名称			单元工程名称	
施工单位			检测项目	
检查项目		质量标准	施工单位检查记录	监理单位验收记录
主控项目	原材料	砂浆用砂、水泥符合"进场砂料质量检验评定表""进场水泥质量检验评定表"要求		
	砂浆用水	砂浆拌和用水可采用饮用水,当采用非饮用的地表水和地下水时,其 pH 应介于 6~7,其他矿物质含量符合规定		
	配合比、强度	通过试配确定配合比,混凝土用砂、水泥、水等配合比应满足配合比报告单的要求。同一验收批砂浆试块抗压强度平均值必须大于或等于设计强度等级所对应的立方体抗压强度,最小值不小于设计强度的 75%		
	砂浆拌制	砌筑砂浆应采用机械搅拌,搅拌时间不得小于 2 min;水泥粉煤灰砂浆和掺用外加剂的砂浆不得小于 3 min;掺用有机塑化剂的砂浆为 5 min		
一般项目	使用时间	砂浆应随拌随用,砂浆应分别在 3 h 内使用完毕;当施工期间最高气温超过 30 ℃时,应在拌成后 2 h 内使用完毕		
	专业质检员		专业监理员	
单元工程质量评定	施工单位自检结果	主控项目评价指标全部合格,允许偏差项目合格率达到____%;符合设计及施工质量验收评定标准的要求。 技术负责人:　　　　　日期:	自检意见: 质量等级:	
	监理单位抽检意见	□抽检结果与自检结果相符/不相符; □同意/不同意验收。 监理工程师:　　　　　日期:	抽检意见: 质量等级:	
注:某工序质量出现不合格标准时,其质量记录表格连同合格项目的质量记录表格一起留存备查。				

预制混凝土构件质量检验评定表

编号：

单项工程名称			单位工程名称	
分部工程名称			单元工程名称	
施工单位			检测项目	
检查项目		质量标准	施工单位检查记录	监理单位验收记录
主控项目	混凝土	混凝土符合"混凝土质量检验评定表"要求		
	钢筋	钢筋性能符合"进场钢筋质量检验评定表"要求。钢筋网、钢筋骨架主筋规格、数量、位置符合设计要求		
	构件质量初验	外购构件必须标明厂名、厂标、构件型号、生产年月日期。构件出池、起吊、预应力筋的放松或张拉及构件出厂时的强度,必须符合设计要求		
	允许偏差项目 构件尺寸	长度±5 mm,其他截面尺寸±3 mm		
	预埋件位置	允许偏差为±3 mm		
	弯曲	L/1 000,且<20 mm		
	保护层厚度	允许偏差为±5 mm		
一般项目	裂纹	不允许出现横向裂纹		
	允许偏差项目 其他外观	不允许有露筋、孔洞、蜂窝		
	平整度	允许偏差为±5 mm		
	专业质检员		专业监理员	
单元工程质量评定	施工单位自检结果	主控项目评价指标全部合格,允许偏差项目合格率达到____%;符合设计及施工质量验收评定标准的要求。 技术负责人：　　　　日期：	自检意见： 质量等级：	
	监理单位抽检意见	□抽检结果与自检结果相符/不相符； □同意/不同意验收。 监理工程师：　　　　日期：	抽检意见： 质量等级：	
注:某工序质量出现不合格标准时,其质量记录表格连同合格项目的质量记录表格一起留存备查。				

浆砌石砌体工程质量检验评定表

编号：

单项工程名称				单位工程名称		
分部工程名称				单元工程名称		
施工单位				检测项目		
检查项目			质量标准	施工单位检查记录		监理单位验收记录
主控项目	石材		满足"进场毛(块)石质量检验评定表"要求			
	砂浆		质量符合"进场毛(块)石质量检验评定表"要求			
	灰缝和砂浆饱满度		灰缝厚度均匀，厚度要求；当用砂浆砌筑时，料石砌体不宜大于 20 mm；毛石、卵石 300～500 mm；当用混凝土砌筑时，厚度 80～100 mm。砂浆饱满度≥80%			
	允许偏差项目	轴线位置偏移	允许偏差值≤20 mm			
		垂直度	每层允许偏差值≤20 mm。全高允许偏差≤30 mm			
		顶面标高	允许偏差值±25 mm			
		厚度	允许偏差值≤30 mm			
一般项目	组砌要求		内外搭砌、上下错缝、拉结石、丁砌交错设置；外露面应平整、稳定、密实、美观。 护坡应采用座浆法分层填筑，随铺随砌；石坝采用铺浆法；砌缝应用砂浆填充饱满，不得无浆直接贴靠；严禁先砌石再灌浆。 前一层砌体表面无松动石块，浮渣清除干净，无积水和积渣，下层砌筑时，铺浆均匀，无裸露石块；局部光滑的砂浆表面凿毛面积≥80%			
	勾缝		外露面勾缝平顺、圆滑，宜采用平缝，不宜采用凸缝，水平勾缝宽不大于 25 mm，竖向勾缝不大于 40 mm			
	挡墙、护坡排水孔设置		排水孔设置位置及疏水层设备符合设计要求			
	养护		洒水养护，养护时间以 7 d 为宜。养护期内不宜内填、挡土			
	允许偏差项目	外露表面平整度	允许偏差值≤30 mm			
		表面坡度	与设计值偏差不大于 3.5°			
	专业质检员			专业监理员		
单元工程质量评定	施工单位自检结果		主控项目评价指标全部合格，允许偏差项目合格率达到___%；符合设计及施工质量验收评定标准的要求。 技术负责人：　　　　日期：		自检意见： 质量等级：	
	监理单位抽检意见		□抽检结果与自检结果相符/不相符； □同意/不同意验收。 监理工程师：　　　　日期：		抽检意见： 质量等级：	
注：某工序质量出现不合格标准时，其质量记录表格连同合格项目的质量记录表格一起留存备查。						

干砌石砌体工程质量检验评定表

单项工程名称				单位工程名称	
分部工程名称				单元工程名称	
施工单位				检测项目	
检查项目			质量标准	施工单位检查记录	监理单位验收记录
主控项目	石材		满足"进场毛(块)石质量检验评定表"要求		
	组砌要求		砌石应垫稳填实,与周边砌石紧靠,严禁架空;不得在外露面用块石砌筑,中间以小石填心;不得在砌筑面以小块石、片石填心;长条形石块丁向砌筑,不得顺长使用,严禁出现通缝、空洞和浮塞		
	允许偏差项目	轴线位置偏移	允许偏差值≤20 mm		
		垂直度	每层允许偏差值≤20 mm;全高允许偏差≤30 mm		
		顶面标高	允许偏差值±25 mm		
		厚度	允许偏差值≤30 mm		
一般项目	外露面要求		砌体外露面平整、稳定、密实、错缝		
	允许偏差项目	表面平整度	允许偏差值≤30 mm		
		表面坡度	与设计值偏差不大于3°		
	专业质检员			专业监理员	
单元工程质量评定	施工单位自检结果		主控项目评价指标全部合格,允许偏差项目合格率达到____%;符合设计及施工质量验收评定标准的要求。 技术负责人：　　　　　日期：	自检意见： 质量等级：	
	监理单位抽检意见		□抽检结果与自检结果相符/不相符; □同意/不同意验收。 监理工程师：　　　　　日期：	抽检意见： 质量等级：	
注:某工序质量出现不合格标准时,其质量记录表格连同合格项目的质量记录表格一起留存备查。					

砖砌体工程质量检验评定表

编号：

单项工程名称			单位工程名称		
分部工程名称			单元工程名称		
施工单位			检测项目		

检查项目		质量标准	施工单位检查记录	监理单位验收记录
主控项目	材料砖	强度、外观规格尺寸应符合设计要求		
	砂浆	强度必须符合设计要求,质量符合"砌筑砂浆质量检验评定表"要求		
	组砌要求	上下错缝、内外搭砌;灰缝横平竖直,厚薄均匀。砂浆随伴随砌;砌砖工程当采用铺浆法砌筑时,铺浆长度不得超过 750 mm;施工期间气温超过 30 ℃时,铺浆长度不得超过 500 mm。转角处和纵横交接处应同时砌筑。临时间断处应砌成斜槎,斜槎水平投影长度不应小于高度的 2/3。不能留斜槎时,留凸型直槎并加拉结钢筋		
	灰缝和砂浆饱满度	水平灰缝厚度 8~12 mm。砌体水平灰缝的砂浆饱满度不得低于 90%;竖向灰缝饱满度不得小于 80%;竖缝凹槽部位应用砌筑砂浆填实,不得出现瞎缝、透明缝		
	允许偏差项目 轴线位置偏移	允许偏差值 ≤10 mm		
	垂直度	墙体每层允许偏差值 ≤5 mm,全高允许偏差 ≤20 mm		
	顶面标高	允许偏差值 ≤15 mm		
	厚度	允许偏差值 ≤20 mm		
一般项目	砌筑前准备	砌筑砖砌体时,砖应提前 1.2 d 浇水湿润		
	灰缝	砖砌体的灰缝应横平竖直,厚薄均匀。水平灰缝厚度宜为 10 mm,但不应小于 8 mm,也不应大于 12 mm		
	抹面	抹灰厚度一般不大于 35 mm;抹灰层密实平整,应无脱层、空鼓,面层应无爆灰和裂缝		
	允许偏差项目 表面平整度	允许偏差值 ≤10 mm		
	灰缝平直度	允许偏差 ≤10 mm		
	专业质检员		专业监理员	

单元工程质量评定	施工单位自检结果	主控项目评价指标全部合格,允许偏差项目合格率达到___%;符合设计及施工质量验收评定标准的要求。 技术负责人：　　　　日期：	自检意见： 质量等级：
	监理单位抽检意见	□抽检结果与自检结果相符/不相符; □同意/不同意验收。 监理工程师：　　　　日期：	抽检意见： 质量等级：

注:某工序质量出现不合格标准时,其质量记录表格连同合格项目的质量记录表格一起留存备查。

模板工程质量检验评定表

编号：

单项工程名称			单位工程名称	
分部工程名称			单元工程名称	
施工单位			检测项目	

检查项目		质量标准	施工单位检查记录	监理单位验收记录
主控项目	模板安装	竖向模板和支架的支承部分应具有承担上部荷载的能力，上下立柱需对齐，当安装在基土上时应加设垫板，且基土必须坚实并有排水措施。对湿陷性黄土，必须有防水措施，对冻胀土，尚须有防冻融措施；模板及支架在安装过程中，必须有设备防倾覆的临时固定设施。现浇钢筋混凝土梁、板跨度大于4 m时，模板应起拱，起拱高度为全跨长度的1/1 000～1/3 000，固定在模板上的预埋件和预留孔洞均不得遗漏，安装必须牢固，位置准确。预制构件用作底模的地坪、铺设的底板以及胎模等应平整光洁		
	钢筋加工	符合标准要求		
	底模	用作底模的地坪、铺设的底板以及胎膜等应平整光洁，不得产生影响构件质量的下沉、裂缝、起砂和鼓起		
	模板拆除	拆模时，侧模、芯模不变形，棱角完整不发生坍塌和裂缝。当悬臂结构跨度大于8 m，需达100%设计强度时可拆模；其余需达75%设计强度可拆模。预制构件模板拆除时的混凝土强度应符合设计要求。对后张法预应力混凝土结构构件，侧模宜在预应力张拉前拆除；底模支架的拆除应按施工技术方案执行，当无具体要求时，不应在结构构件建立预应力前拆除		
	允许偏差项目	轴线位置、预埋件中心线	轴线位置、预留孔洞中心位置允许偏差5 mm，预埋件中心线位置允许偏差3 mm		
		底模上表面标高	允许偏差±5 mm		
一般项目	侧模拆除	侧模拆除时的混凝土强度应能保证其表面及棱角不受损伤		
	允许偏差项目	截面尺寸	长、宽、高允许偏差为±5 mm		
		表面平整度	允许偏差5 mm		
	专业质检员		专业监理员	
单元工程质量评定	施工单位自检结果	主控项目评价指标全部合格，允许偏差项目合格率达到___%；符合设计及施工质量验收评定标准的要求。 技术负责人：　　　　　日期：	自检意见： 质量等级：	
	监理单位抽检意见	□抽检结果与自检结果相符/不相符； □同意/不同意验收。 监理工程师：　　　　　日期：	抽检意见： 质量等级：	
注：某工序质量出现不合格标准时，其质量记录表格连同合格项目的质量记录表格一起留存备查。				

混凝土结构工程质量检验评定表

编号：

单项工程名称			单位工程名称	
分部工程名称			单元工程名称	
施工单位			检测项目	
检查项目		质量标准	施工单位检查记录	监理单位验收记录
主控项目	原材料	符合"进场石骨料质量检验评定表""进场砂料质量检验评定表""进场水泥质量检验评定表""进场钢筋质量检验评定表""混凝土质量检验评定表"要求		
	混凝土强度	结构构件的混凝土强度应按《混凝土强度检验评定标准》（GB/T 50107）的规定分批检验评定。结构构件拆模、出池、出厂、吊装、张拉、放张及施工期间临时负荷时的混凝土强度，应根据同条件养护的标准尺寸试件的混凝土强度确定。混凝土的冬期施工应符合《建筑工程冬期施工规程》（JGJ/T 104）和施工技术方案的规定		
	钢筋加工	符合标准要求		
	模板安装	符合"模板工程质量检验评定表"要求		
	混凝土浇筑	铺设均匀，无离析、无骨料集中现象，无露捣、无露筋现象		
	养护	及时采取有效措施保持混凝土表面湿润不小于7 d，无时干时湿现象		
	允许偏差项目 轴线位置	轴线位置允许偏差为±10 mm		
	结构、构件尺寸	表面平整允许偏差±10 mm，标高允许偏差为±10 mm，截面尺寸允许偏差5～10 mm，垂直度允许偏差 $H/100$		
	预埋设施、预留洞口中心线位置	允许偏差±5 mm		
一般项目	建基面	按要求处理、无杂物、积水，垫层铺填符合设计要求		
	形体尺寸及表面平整度	表面平整、顺直、无突变；局部稍超出规定，其累积面积不超过0.5%，经处理符合设计要求		
	深层及贯穿裂缝	表面无深层及贯穿裂缝；局部出现的深层及贯穿裂缝，经处理符合设计要求		
	麻面	表面无麻面；局部出现的少量麻面，其累积面积不超过0.5%，经处理符合设计要求		
	蜂窝孔洞	表面无蜂窝孔洞；局部出现的轻微、少量、不连结的蜂窝孔洞，其单个面积不超过0.1 m^2，深度不超过骨料最大粒径，经处理符合设计要求		
	碰损掉角	重要部位不允许，其他部位轻微少量的碰损掉角，经处理符合设计要求		
	表面裂缝	无表面裂缝，局部出现的短小、不跨层的表面裂缝，经处理符合设计要求		
	专业质检员		专业监理员	
单元工程质量评定	施工单位自检结果	主控项目评价指标全部合格，允许偏差项目合格率达到____%；符合设计及施工质量验收评定标准的要求。		自检意见：
		技术负责人： 日期：		质量等级：
	监理单位抽检意见	□抽检结果与自检结果相符/不相符； □同意/不同意验收。		抽检意见：
		监理工程师： 日期：		质量等级：
注：某工序质量出现不合格标准时，其质量记录表格连同合格项目的质量记录表格一起留存备查。				

混凝土构件工程质量检验评定表

编号：

<table>
<tr><td colspan="2">单项工程名称</td><td></td><td>单位工程名称</td><td></td></tr>
<tr><td colspan="2">分部工程名称</td><td></td><td>单元工程名称</td><td></td></tr>
<tr><td colspan="2">施工单位</td><td></td><td>检测项目</td><td></td></tr>
<tr><td colspan="2">检查项目</td><td>质量标准</td><td>施工单位检查记录</td><td>监理单位验收记录</td></tr>
<tr><td rowspan="4">主控项目</td><td>预制构件</td><td>符号"预制混凝土构件质量检验评定表"要求</td><td></td><td></td></tr>
<tr><td>预制构件安装</td><td>预制构件码放和运输时的支承位置和方法应符合标准图或设计的要求。预制构件吊装前,应按设计要求在构件和相应的支承结构上标注中心线、标高等控制尺寸,按标准图或设计文件校核预埋件及连接钢筋等,并做出标志。预制构件应按标准图或设计的要求吊装。起吊时绳索与构件水平面的夹角不宜小于45°,否则应采用吊架或经验算确定,预制构件安装就位后,应采取保证构件稳定的临时固定措施,并应根据水准点和轴线校正位置</td><td></td><td></td></tr>
<tr><td>接头和拼缝</td><td>装配式结构中的接头和拼缝应符合设计要求</td><td></td><td></td></tr>
<tr><td></td><td></td><td></td><td></td></tr>
<tr><td rowspan="3">一般项目</td><td>缺陷</td><td>预制构件的外观质量不应有严重缺陷</td><td></td><td></td></tr>
<tr><td>偏差</td><td>预制构件不应有影响结构性能和安装、使用功能的尺寸偏差</td><td></td><td></td></tr>
<tr><td>专业质检员</td><td></td><td>专业监理员</td><td></td></tr>
<tr><td rowspan="4">单元工程质量评定</td><td rowspan="2">施工单位自检结果</td><td>主控项目评价指标全部合格,允许偏差项目合格率达到___%;符合设计及施工质量验收评定标准的要求。</td><td colspan="2">自检意见：</td></tr>
<tr><td>技术负责人：　　　　　　日期：</td><td>质量等级：</td></tr>
<tr><td rowspan="2">监理单位抽检意见</td><td>□抽检结果与自检结果相符/不相符;
□同意/不同意验收。</td><td>抽检意见：</td></tr>
<tr><td>监理工程师：　　　　　　日期：</td><td>质量等级：</td></tr>
<tr><td colspan="5">注:某工序质量出现不合格标准时,其质量记录表格连同合格项目的质量记录表格一起留存备查。</td></tr>
</table>

U 型渠单元工程(基土回填) 工序质量检验评定表

单项工程名称				单位工程名称	
分部工程名称				单元工程名称	
施工单位				检测项目	
检查项目		质量标准		施工单位检查记录	监理单位验收记录
主控项目	基面清理	按设计及规范要求进行基面清理,基底密实、无松土,无杂物及积水,清基断面、基础承载力满足设计及规范要求			
	接合部处理	清除接合部表面腐殖土及杂物等,并将接合部挖成缓坡或台阶状			
	填筑料	填筑料土质、粒径、含水率等符合设计及规范要求			
	基土填筑	碾压作业程序符合规范要求,无欠压、漏压和出现弹簧土。压实度合格率不低于85%,不合格样的压实度不应低于设计值的96%,并不应集中			
	允许偏差项目	铺土厚度	0~-5 cm		
		轴线位置偏移	±5 cm		
		渠道堤顶宽度	±5 cm		
		渠道堤顶高程	±20 mm		
一般项目	相邻作业衔接	相邻作业面或新老渠堤相接时,应以斜面相接			
	允许偏差项目	铺填边线超宽值	人工铺料	大于 10 cm	
			机械铺料	大于 30 cm	
	专业质检员			专业监理员	
单元工程质量评定	施工单位自检结果	主控项目评价指标全部合格,允许偏差项目合格率达到___%;符合设计及施工质量验收评定标准的要求。 技术负责人: 日期:		自检意见: 质量等级:	
	监理单位抽检意见	□抽检结果与自检结果相符/不相符; □同意/不同意验收。 监理工程师: 日期:		抽检意见: 质量等级:	
注:某工序质量出现不合格标准时,其质量记录表格连同合格项目的质量记录表格一起留存备查。					

U 型渠单元工程(渠道开挖)工序质量检验评定表

编号：

单项工程名称			单位工程名称	
分部工程名称			单元工程名称	
施工单位			检测项目	
检查项目		质量标准	施工单位检查记录	监理单位验收记录
主控项目	渠道开挖面	渠顶以上开挖边坡平整稳定，且不陡于设计边坡；渠口线、坡脚线整齐顺直，渠底平整，不扰动建基面以下原土或地基处理符合设计要求，严禁超挖贴补，有缺陷时必须按设计处理；上级渠道和下级渠道交汇处的渠坡应平顺连接		
	渗水处理	开挖渠底及边坡渗水(包括泉眼)，妥善引排或封堵，建基面清洁无积水		
	允许偏差项目 轴线偏差	±20 mm		
一般项目	弃土区位置、范围、高度	应符合设计及规范要求。土石料应堆放在开挖、回填作业边界 2 m 以外，且堆放高度不得超过生产安全规定，废弃土料和无法利用的泥浆、杂物及时清理出场		
	开挖坡度	不陡于设计值		
	纵坡	满足设计要求		
	允许偏差项目 渠顶高程	±20 mm		
	渠底高程	±20 mm		
	渠槽上口宽度	±40 mm		
	渠道堤顶宽度	±5 cm		
	渠槽表面平整度	2 cm		
	专业质检员		专业监理员	
单元工程质量评定	施工单位自检结果	主控项目评价指标全部合格，允许偏差项目合格率达到___%；符合设计及施工质量验收评定标准的要求。 技术负责人：　　　　　日期：	自检意见： 质量等级：	
	监理单位抽检意见	□抽检结果与自检结果相符/不相符； □同意/不同意验收。 监理工程师：　　　　　日期：	抽检意见： 质量等级：	

注：某工序质量出现不合格标准时，其质量记录表格连同合格项目的质量记录表格一起留存备查。

U型渠单元工程(渠道浇筑)工序质量检验评定表

编号：

单项工程名称			单位工程名称		
分部工程名称			单元工程名称		
施工单位			检测项目		
检查项目		质量标准	施工单位检查记录	监理单位验收记录	
主控项目	原材料	符合"进场石骨料质量检验评定表""进场砂料质量检验评定表""进场水泥质量检验评定表""进场钢筋质量检验评定表""混凝土质量检验评定表"要求			
	混凝土强度	混凝土强度达到设计要求,按《混凝土强度检验评定标准》(GB/T 50107)的规定分批检验评定。混凝土的冬期施工应符合《建筑工程冬期施工规程》(JGJ/T 104)和施工技术方案的规定			
	模板安装	稳定性、刚度、强度满足要求,表面平整光洁,轴线位置、高程及截面尺寸符合设计要求			
	入仓混凝土料	无不合格混凝土料入仓,如有少量不合格混凝土料入仓,及时处理直至达到要求			
	混凝土浇筑	铺设均匀,无离析、无骨料集中现象,振捣有次序,无漏振,铺料间歇时间符合规范要求,无初凝现象			
	混凝土养护	及时采取有效措施保持混凝土表面湿润不小于7 d,无时干时湿现象			
	伸缩缝	伸缩缝留置和工程做法符合设计及规范要求,缝形整齐,填充饱满密实,表面平整美观			
	允许偏差项目	轴线位置	±20 mm		
		渠底高程	±10 mm		
		衬砌厚度	±5%设计厚度		
		渠道上口宽	±30 mm		
一般项目	建基面	按要求处理、无杂物、积水,垫层铺填符合设计要求			
	混凝土表面	表面密实、平整、光滑、顺直,无蜂窝、麻面和石子外露,无缺损掉角,无深层及贯穿裂缝,局部表面裂缝经处理符合设计规范要求			
	允许偏差项目	表面平整度	10 mm		
		渠顶高程	±20 mm		
		伸缩缝宽度	±5 mm		
		伸缩缝间距	±20 mm		
	专业质检员		专业监理员		
单元工程质量评定	施工单位自检结果	主控项目评价指标全部合格,允许偏差项目合格率达到___%;符合设计及施工质量验收评定标准的要求。		自检意见：	
		技术负责人： 日期：		质量等级：	
	监理单位抽检意见	□抽检结果与自检结果相符/不相符; □同意/不同意验收。		抽检意见：	
		监理工程师： 日期：		质量等级：	
注:某工序质量出现不合格标准时,其质量记录表格连同合格项目的质量记录表格一起留存备查。					

塑料管道单元工程(管槽)工序质量检验评定表

编号：

单项工程名称				单位工程名称	
分部工程名称				单元工程名称	
施工单位				检测项目	
检查项目		质量标准		施工单位检查记录	监理单位验收记录
主控项目	管槽开挖面	管槽顺直,交汇处平顺连接,槽底平整密实,无松土,石块杂物应清除,开挖边坡不陡于设计边坡;原状地基土不得扰动、受水浸泡或受冻,超挖或扰动已按设计和规范要求处理,进行地基处理时,原材料、压实度(或相对密度)、厚度等符合设计要求			
	渗水处理	渗水妥善引排			
一般项目	堆料	符合设计及规范要求。土料应堆放在开挖、回填作业边界2 m以外,且堆放高度不得超过生产安全相关规定,废弃土料和无法利用的泥浆、杂物等及时清运出场			
	允许偏差项目	管槽槽底高程	± 20 mm		
		管槽中心线	30 mm		
		槽底中心每侧宽度	不小于规定		
	专业质检员			专业监理员	
单元工程质量评定	施工单位自检结果	主控项目评价指标全部合格,允许偏差项目合格率达到___%;符合设计及施工质量验收评定标准的要求。 技术负责人：　　　　日期：			自检意见： 质量等级：
	监理单位抽检意见	□抽检结果与自检结果相符/不相符; □同意/不同意验收。 监理工程师：　　　　日期：			抽检意见： 质量等级：
注:某工序质量出现不合格标准时,其质量记录表格连同合格项目的质量记录表格一起留存备查。					

塑料管道单元工程(安装)工序质量检验评定表

编号:

单项工程名称			单位工程名称	
分部工程名称			单元工程名称	
施工单位			检测项目	

	检查项目	质量标准	施工单位检查记录	监理单位验收记录
主控项目	管材、管件	管材、管件、胶圈及设备规格性能满足设计及规范要求。管材管件必须表面平整,尺寸准确,宜采用与管材同品牌、同级别、同压力管件		
	承压能力	管材承压能力应大于管材公称压力和设计压力		
	管道铺设	管道中心线应平直、管底与槽底应贴合良好		
	管道连接	热熔连接、电熔连接应保证加热面熔化均匀,连接完成后应在连接面周围形成均匀凸缘;热扩承插,应将插口处锉成坡口,承口内壁和插口外壁均匀涂粘结剂,搭接长度应大于1倍管外径;胶圈密封承插连接,承口内侧和插口外侧干净,插入后胶圈位置正确,压缩均匀,无扭曲现象。法兰连接时,应连接件齐全,位置正确,安装牢固,连接部位无扭曲、变形		
	出水口连接	给水栓、消力池同管道采用混凝土镇墩连接牢固,出水口位置正确,高出地面不小于10 cm		
	试水	管道系统达到设计强度后,应对每条管道进行水压试验,试水压力应为管道系统设计工作压力,保压时间不小于1 h,不允许有集中渗漏,试水不合格,修补后重新试压,直至合格		
允许偏差项目	管壁厚度	+0.5~+1 mm		
	管径	+0.3~+2 mm		
	轴线位置	偏差值小于15 mm		
	管道出口位置	±20 mm		
	中心线高程	±20 mm		
一般项目	胶粘剂	性能、卫生、化学指标等符合设计要求		
	承插连接插入深度及接口转角	插入深度、纵向间隙、环向间隙、接口转角符合设计及规范要求		
	阀件安装	符合设计及规范要求,闸阀安装应牢固、严密,启闭灵活,与管道轴线垂直		
	专业质检员		专业监理员	

单元工程质量评定	施工单位自检结果	主控项目评价指标全部合格,允许偏差项目合格率达到___%;符合设计及施工质量验收评定标准的要求。 技术负责人: 日期:	自检意见: 质量等级:
	监理单位抽检意见	□抽检结果与自检结果相符/不相符; □同意/不同意验收。 监理工程师: 日期:	抽检意见: 质量等级:

注:某工序质量出现不合格标准时,其质量记录表格连同合格项目的质量记录表格一起留存备查。

阀门井、检查井工序质量检验评定表

编号：

单项工程名称				单位工程名称		
分部工程名称				单元工程名称		
施工单位				检测项目		
检查项目			质量标准	施工单位检查记录		监理单位验收记录
主控项目	砖、砂浆		强度等级符合设计要求，机砖外观质量符合规范要求			
	砌筑方法		符合规范要求，组砌方法正确，上下错缝、内外搭砌			
	砌缝		符合规范要求，砂浆饱满、灰缝平直			
	埋件、预留孔		位置、尺寸符合设计要求			
	砂浆抹面		抹面无空鼓、裂缝			
	钢筋混凝土		原材料及中间产品质量、钢筋加工及安装质量、模板安装质量、混凝土浇筑质量等符合设计及规范要求			
	控制阀件		阀门启闭灵活，密封良好			
	允许偏差项目	中心偏移	允许偏差值≤10 mm			
		垂直度	允许偏差值≤5 mm			
		顶面标高	允许偏差值≤15 mm			
		厚度	允许偏差值≤20 mm			
一般项目	砌筑前准备		砖提前1~2 d浇水湿润			
	允许偏差项目	阀井尺寸	±20 mm			
		管井盖尺寸	±5 mm			
		井盖与地面高	非路面：±20 mm，路面：±5 mm			
		表面平整度	10 mm			
	专业质检员			专业监理员		
单元工程质量评定	施工单位自检结果		主控项目评价指标全部合格，允许偏差项目合格率达到____%；符合设计及施工质量验收评定标准的要求。技术负责人：　　　　　日期：	自检意见：质量等级：		
	监理单位抽检意见		□抽检结果与自检结果相符/不相符；□同意/不同意验收。监理工程师：　　　　　日期：	抽检意见：质量等级：		
注：某工序质量出现不合格标准时，其质量记录表格连同合格项目的质量记录表格一起留存备查。						

塑料管道安装隐蔽工程验收记录

项目工程名称		隐检项目	
隐蔽验收部位		隐检时间	
隐检依据			

预检内容：
　　管材及构配件出厂合格证、检验报告；
　　管道的连接方式，连接部位、阀门、给水栓等安装质量和数量；
　　阀门井、泄水井、支墩结构等构筑物等质量和数量；
　　管道试水压力记录

施工单位自查情况与结论：

监理(项目承担)单位验收意见与结论：

监理(项目承担)单位(签章)	施工单位(签章)		
	专业技术负责人	质检员	专业工长
专业监理工程师： (项目承担单位项目专业技术负责人) 　　　　　年　月　日			
	年　月　日		

塑料管道系统水压试验

项目工程名称		试验单位项目名称	
材质及连接方式	PVC 热熔	系统部位	
压力表位置		试验时间	年　月　日至 年　月　日
规格型号		数量	

试验内容和要求：

　　试压水的压力不应小于管道设计系统压力,试压时应缓慢加压,达到设计压力时即停止加压,并保持保压时间不小于 1 h,压力下降小于 0.05 MPa,管道及接口不渗漏。

　　当设计无要求时,试验压力不应小于 0.2 MPa,其保压时间不小于 1 h,管道及接口不渗漏

试验情况：

结论：

会签栏	监理(项目承担)单位(签章)	施工单位		
		专业技术负责人	质检员	专业工长

塑料管道单元工程(回填)工序质量检验评定表

编号:

单项工程名称			单位工程名称	
分部工程名称			单元工程名称	
施工单位			检测项目	

检查项目		质量标准	施工单位检查记录	监理单位验收记录
主控项目	填筑土料	符合设计及规范要求。管底基础、管基有效支撑角范围内应采用中粗砂填充密实或符合设计要求的土料回填,管顶上部200 mm(且不小于1倍管径)以内应用砂子或粒径不大于5 mm 的细粒土,其余部位采用符合要求的原土回填,填筑土料不含有机物、冻土、杂物及直径大于25 mm 的石块和直径大于50 mm 的土块		
	分层回填	分层回填工艺应符合设计及规范要求。塑料管连接后,除接头外均应迅速覆土20~30 cm,进行初始回填,管道试水合格后,进行最终回填。按压实机具确定分层回填,不得带水回填,管道基面至管顶以上500 mm 内必须人工回填,管道两侧对称作业,同时夯实;在田块耕作层内松填不夯实,并应预留沉陷超高,保证田面验收达到设计要求		
	回填土压实指标	达到设计及规范要求		
	柔性管道变形率	符合设计及规范要求。变形率一般不超过3%,管壁不得出现纵向隆起、环向扁平和其他变形情况		
一般项目	埋深要求	管顶覆土最小厚度(埋深)应符合设计及规范要求,且满足当地冻土层厚度要求。最终回填管顶至地面埋深不小于70 cm		
	回填作业要求	回填达到设计高程,表面平整;管道及附属建筑物无损伤、沉降、位移		
	专业质检员		专业监理员	

单元工程质量评定	施工单位自检结果	主控项目评价指标全部合格,允许偏差项目合格率达到____%;符合设计及施工质量验收评定标准的要求。	自检意见:
		技术负责人: 日期:	质量等级:
	监理单位抽检意见	□抽检结果与自检结果相符/不相符; □同意/不同意验收。	抽检意见:
		监理工程师: 日期:	质量等级:

注:某工序质量出现不合格标准时,其质量记录表格连同合格项目的质量记录表格一起留存备查。

塑料管道回填隐蔽工程验收记录

项目工程名称		隐检项目	
隐蔽验收部位		隐检时间	
隐检依据			

隐检内容：
　　管道顶上部 200 mm 以内应以砂子和粒径<5 mm 细土回填，并不得以机械回填；
　　管道顶上部 500 mm 以内不应以碎石或粒径大于 15 mm 硬土块和冻土回填；
　　管道顶 500 mm 以上在耕地内不应有含树根、草皮等杂质土回填，应以熟土和适宜耕植土回填，并预留 20%虚高；在非耕地内采用人工或机械夯实

施工单位自查情况与结论：

监理(项目承担)单位验收意见与结论：

监理(项目承担)单位(签章)	施工单位(签章)		
	专业技术负责人	质检员	专业工长
专业监理工程师： (项目承担单位项目专业技术负责人) 　年　月　日			
	年　月　日		

素土路基(面)单元工程工序质量检验评定表

编号:

单项工程名称				单位工程名称		
分部工程名称				单元工程名称		
施工单位				检测项目		
检查项目		质量标准		施工单位检查记录		监理单位验收记录
主控项目	材料	道路路基(面)回填料材料、粒径、强度、含水率等物理特性满足设计要求				
	基面清理	先清理基面、基底、平整、密实、无杂物和积水,承载力满足设计要求				
	路基(面)填筑	采用机械夯实每层厚度不应大于25 cm,人工夯实每层厚度不应大于20 cm,压实干密度满足设计要求				
	允许偏差项目	路基(面)	长度	±10 cm		
			宽度	±10 cm		
			标高	±3 cm		
		路基	平整度	±5 cm		
		路面	平整度	±2 cm		
一般项目	堆料	土石料应堆放在开挖、回填作业边界2 m以外,且堆放高度不得超过生产安全相关规定,废弃土料和无法利用的泥浆、杂物及时清运出场				
	道路交叉衔接	线条顺直,边坡稳定,表面平整,密实坚固,无松散、塌陷,衔接自然,转弯平顺				
	允许偏差项目	土方开挖 机械	长度	+20 cm		
			宽度	+20 cm		
			标高	+50 cm		
		土方开挖 人工	长度	+10 cm		
			宽度	+5 cm		
			标高	+3 cm		
	专业质检员			专业监理员		
单元工程质量评定	施工单位自检结果	主控项目评价指标全部合格,允许偏差项目合格率达到___%;符合设计及施工质量验收评定标准的要求。 技术负责人: 日期:		自检意见:		
				质量等级:		
	监理单位抽检意见	□抽检结果与自检结果相符/不相符; □同意/不同意验收。 监理工程师: 日期:		抽检意见:		
				质量等级:		
注:某工序质量出现不合格标准时,其质量记录表格连同合格项目的质量记录表格一起留存备查。						

道路基层隐蔽工程验收记录

项目工程名称		隐检项目	
隐蔽验收部位		隐检时间	
隐检依据			

预检内容:

　　道路基底清理情况,基层用料土质质量,土质分层铺垫厚度、宽度和含水率,分层碾压质量,干密度检验报告,基层纵坡、横坡坡度、表面平整度、标高

施工单位自查情况与结论:

监理(项目承担)单位验收意见与结论:

监理(项目承担)单位(签章)	施工单位(签章)		
	专业技术负责人	质检员	专业工长
专业监理工程师: (项目承担单位项目专业技术负责人) 　　　　　年　月　日	 　　年　月　日		

道路工程土壤干容重试验报告

责任单位：
委托单编号：
实验室编号：

项目承担单位：
委托日期：
报告日期：
审核：

试验编号：
试验日期：

项目承担单位	工程名称	最大干容重	最佳含水率	
土质	土壤种类	控制干容重	压实系数	取样位置图
点号＼步数	1	2	3	4	5	6	7	8	

注：《土工试验方法标准》(GB/T 50123—1999)

取样员：

见证员：

砂砾石路面单元工程工序质量检验评定表

编号：

单项工程名称			单位工程名称		
分部工程名称			单元工程名称		
施工单位			检测项目		
检查项目		质量标准	施工单位检查记录	监理单位验收记录	
主控项目	材料	道路回填材料、材质、级配、粒径、强度、含水率等物理特性满足设计要求			
	路面填筑	拌和料填筑采用机械夯实时每层厚度不应大于 25 cm；人工夯实时每层厚度不应大于 20 cm，压实干密度满足设计要求			
	允许偏差项目	路面	长度	±10 cm	
			宽度	±10 cm	
			标高	±3 cm	
			平整度	±2 cm	
一般项目	堆料	土石料应堆放在开挖、回填作业边界 2 m 以外，且堆放高度不得超过生产安全相关规定，废弃土料和无法利用的泥浆、杂物及时清运出场			
	道路交叉衔接	线条顺直，边坡稳定，表面平整，密实坚固，无松散、塌陷，衔接自然，转弯平顺			
	专业质检员			专业监理员	
单元工程质量评定	施工单位自检结果	主控项目评价指标全部合格，允许偏差项目合格率达到____%；符合设计及施工质量验收评定标准的要求。		自检意见：	
		技术负责人：　　　　　　日期：		质量等级：	
	监理单位抽检意见	□抽检结果与自检结果相符/不相符；□同意/不同意验收。		抽检意见：	
		监理工程师：　　　　　　日期：		质量等级：	
注：某工序质量出现不合格标准时，其质量记录表格连同合格项目的质量记录表格一起留存备查。					

路肩(素土)单元工程工序质量检验评定表

编号：

单项工程名称				单位工程名称	
分部工程名称				单元工程名称	
施工单位				检测项目	
检查项目			质量标准	施工单位检查记录	监理单位验收记录
主控项目	材料		路肩回填材料、粒径、强度、含水率等物理特性满足设计要求		
	路肩填筑		采用机械夯实,每层厚度不应大于25 cm,人工夯实每层厚度不应大于20 cm,压实干密度满足设计要求		
	允许偏差项目	路肩	长度 ±10 cm		
			宽度 ±10 cm		
			标高 ±3 cm		
			平整度 ±2 cm		
一般项目	堆料		土料应堆放在开挖回填作业边界2 m以外,且堆放高度不得超过生产安全相关规定,废弃土料和无法利用的泥浆、杂物及时清运出场		
	道路交叉衔接		线条顺直,边坡稳定,表面平整,密实坚固,无松散、塌陷,衔接自然,转弯平顺		
	专业质检员			专业监理员	
单元工程质量评定	施工单位自检结果		主控项目评价指标全部合格,允许偏差项目合格率达到___%;符合设计及施工质量验收评定标准的要求。 技术负责人： 日期：	自检意见： 质量等级：
	监理单位抽检意见		□抽检结果与自检结果相符/不相符; □同意/不同意验收。 监理工程师： 日期：	抽检意见： 质量等级：
注:某工序质量出现不合格标准时,其质量记录表格连同合格项目的质量记录表格一起留存备查。					

排水路沟单元工程工序质量检验评定表

单项工程名称			单位工程名称	
分部工程名称			单元工程名称	
施工单位			检测项目	
检查项目		质量标准	施工单位检查记录	监理单位验收记录
主控项目	路沟开挖	路沟定位放线，开挖宽度、深度、延米数符合设计要求；开挖边坡坡度和基底土物理特性满足设计要求；机械开挖时，沟底应预留10 cm保护层，人工清理至设计高程		
	路沟基底	沟底和边坡土性应是原土层或者是夯实的回填土，不允许杂土或碎砾石层		
一般项目	路沟要求	路沟规格、尺寸，纵坡符合设计要求；路沟应平整密实，无松土、石块、杂物		
	堆料	土料应堆放在开挖边界2 m以外，且堆放高度不得超过生产安全相关规定，废弃土料和无法利用的泥浆、杂物等及时清运出场		
	专业质检员		专业监理员	
单元工程质量评定	施工单位自检结果	主控项目评价指标全部合格，允许偏差项目合格率达到____%；符合设计及施工质量验收评定标准的要求。 技术负责人： 日期：	自检意见： 质量等级：	
	监理单位抽检意见	□抽检结果与自检结果相符/不相符； □同意/不同意验收。 监理工程师： 日期：	抽检意见： 质量等级：	
注：某工序质量出现不合格标准时，其质量记录表格连同合格项目的质量记录表格一起留存备查。				

农田防护林单元工程工序质量检验评定表

编号：

单项工程名称			单位工程名称	
分部工程名称			单元工程名称	
施工单位			检测项目	

	施工质量验收规范的规定	施工单位检查记录	监理单位验收记录
主控项目	树苗、树种、胸径、高度符合设计要求，树干均称通直，高度一致		
	苗木出圃应严格执行掘苗、选苗等技术措施，保证根系完整，带母土包装运输，并始终保持湿润状态		
	树行、树距定位放线符合设计要求		
	树坑的开挖宽度、长度、深度符合设计要求		
	树苗植栽要竖直，回填土土质应符合要求，并夯填密实，浇水渗透，使树坑存满水		
	春季植树要及时浇水，浇水遍数不少于3次；冬季植栽，树苗用塑料布、稻草等保温材料保温，要求成活率达90%以上		
	专业质检员	专业监理员	

单元工程质量评定	施工单位自检结果	主控项目评价指标全部合格，允许偏差项目合格率达到____%；符合设计及施工质量验收评定标准的要求。 技术负责人：　　　　　　日期：	自检意见： 质量等级：
	监理单位抽检意见	□抽检结果与自检结果相符/不相符； □同意/不同意验收。 监理工程师：　　　　　　日期：	抽检意见： 质量等级：

注：某工序质量出现不合格标准时，其质量记录表格连同合格项目的质量记录表格一起留存备查。

已完工程量清单

工程名称：

序号	工程内容	单位	数量	说明

施工单位：	项目监理机构审查意见：	项目承担单位审查意见：
项目经理： 年 月 日	总监理工程师： 年 月 日	负责人： 年 月 日

施工测量报验表

编号：

工程名称	

致_____（项目监理机构）：

我方已完成(部位)_____（内容）_____ 的测量放线，经自检合格，请予查验。

附件：

1. □ 测量的依据材料 _____页
2. □ 测量成果表 _____页
3. □ 测量人员资质证书复印件 _____页

施工单位(盖章)： 日期：

测量员(签字)： 日期：

技术负责人(签字)： 日期：

查验结果：

查验结论： □合格 □纠错后重报

项目监理机构(盖章)：

监理工程师(签字)：

日期： 年 月 日

注：本表由施工单位填报，项目承担单位、项目监理机构、施工单位各存一份。

工程计量报验单

编号：

工程名称	

致＿＿＿＿＿＿＿＿＿＿＿＿＿＿＿（项目监理机构）：

　　我方按承包合同约定，已完成了＿＿＿＿＿＿＿＿＿＿＿＿＿＿＿单元工程（工序）的施工，其工程质量已经检验合格，并对工程量进行了计量测量。现提交计量结果，请予以核准。

附件：

　　1.□ 工程量测量材料　　　　＿＿＿页

　　2.□ 工程量计算　　　　　　＿＿＿页

施工单位（盖章）：
项目经理（签字）：
日期：　　年　　月　　日

项目监理机构审查意见：	项目承担单位审查意见：
监理工程师（签字）：	负责人（签字）：
日期：	日期：

注：本表由施工单位填报，项目承担单位、项目监理机构、施工单位各存一份。

工程计量与技术签证单

项目工程名称		分部及部位	
施工单位名称		项目经理	
施工工艺标准名称及编号			

原设计内容	
实际施工情况	
监理审核意见	

| 施工单位检查结果 | 专业施工员：

项目专业质检员：

项目经理：

年 月 日 | 监理单位验收结论 | 专业监理工程师：

总监理工程师：

年 月 日 | 项目承担单位验收结论 | 现场代表：
技术负责人：
项目负责人：

年 月 日 |

工程变更单

编号：

工程名称	

致＿＿＿＿＿＿＿＿＿＿＿＿＿（项目监理机构）：

　　由于＿＿＿＿＿＿＿＿＿＿＿＿＿＿＿＿的原因，兹提出＿＿＿＿＿＿＿＿＿＿＿＿工程变更(内容详见附件)，请予以审批。

附件：

　　1.工程变更申请

　　2.工程变更设计方案

　　3.工程造价计算

　　4.附图

　　5.会议纪要

　　6.补充合同

施工单位(盖章)：

项目经理(签字)：

日期：　　年　　月　　日

审查意见：

项目监理机构(盖章)：

总监理工程师：

日期：　　年　　月　　日

审查意见：

设计单位(盖章)：

负责人：

日期：　　年　　月　　日

审查意见：

项目承担单位(盖章)：

负责人：

日期：　　年　　月　　日

注：本表一式5份，项目承担单位、设计单位、项目监理机构、施工单位、项目批准单位各一份。

工程变更申请单

工程名称	

致_____（项目监理机构）：

变更原因及理由：

附件：

提出单位：_____　　　　　代表人：_____

年　　月　　日

工程变更会议纪要

编号：

工程名称	

时间：　　年　月　日

地点：

主持人：

与会单位及人员：

　　项目监管及承担单位：

　　项目设计单位：

　　项目监理单位：

　　项目承包单位：

主要内容：

项目承担单位代表 （签字）：	设计单位代表 （签字）：	监理单位代表 （签字）：	施工单位代表 （签字）：
年　月　日	年　月　日	年　月　日	年　月　日

合同段工程竣工报验表

编号：

工程名称	

致_____(项目监理机构)：

　　我方已按合同要求完成了_____工程，并经自验合格，请予以检查和验收。

附件：

　　1.□工程验收记录

　　2.□竣工报告

承包单位(盖章)：

项目经理(签字)：

日期：　　年　　月　　日

审查意见：

　　经初步验收，该工程：

　　1.符合/不符合现行工程建设标准

　　2.符合/不符合设计文件要求

　　3.符合/不符合施工合同要求

　　综上所述，该工程初步验收合格/不合格，可以/不可以组织正式验收。

项目监理机构(盖章)：

总监理工程师(签字)：

日期：　　年　　月　　日

注：本表由项目承担单位、项目监理机构、施工单位各存一份。

竣工报告

项目工程名称		单位工程名称				监理单位		
工程地点		项目承担单位				施工单位		
工程造价		竣工条件说明	工程项目完成情况					
计划开工日期			现场清理情况					
实际开工日期			施工资料整理情况					
计划竣工日期			施工质量验收情况					
实际竣工日期			未完工程盘点情况					
审核意见		项目承担单位 项目负责人：（公章） 年　月　日	设计单位 项目负责人：（公章） 年　月　日		监理单位 总监理工程师：（公章） 年　月　日	施工单位 单位负责人：（公章） 年　月　日		

附录四 高标准农田建设项目农户情况调查与实施效果评价

统一编号	
地块编号	
土壤类型	亚类：　　　土类：
家庭住址：	
地块名称：	
户主姓名：	

市	县（市、区）	乡	村	组

地块面积（亩）	海拔　m	土种：	土属：

立地条件

地形部位	
坡度/坡向	
地类	
成土母质	
土壤类型	
侵蚀程度	

土壤属性（障碍因素）

耕层厚度（cm）	盐碱	下湿	干旱	瘠薄	其他

地力现状

耕层质地	
耕层厚度（cm）	

耕地综合生产能力评价

农田	土地平整度	类型	
梯（园）田		熟化年限	

设施	灌溉水源类型	
	田间输水方式	
	灌溉保证率	
	灌溉能力	

主要指标	实施前	实施后
农田灌溉设施		
农田排水设施		
耕层厚度（cm）		
耕层有机质（g/kg）		
有效磷（mg/kg）		
速效钾（mg/kg）		
pH		
耕层全盐量（g/kg）		
田面平整度		
产量水平（kg/亩）	作物类型	
	产量	

农户意见：

专家评价意见：

实施情况调查

土地整治工程措施

打水井及配套（眼）	
修建U形埂（m）	
低压输水管灌（m）	
修建排水沟（m）	
修建防洪堤坝（m）	
新建蓄水池（m³）	
里切外垫（m³、亩）	
平田整地（m³、亩）	
耕地修复（亩）	
整修土埂（m³、亩）	
整修石埂（m³、亩）	
种植生物埂（穴、株）	
机修水平梯田（亩）	
加厚土层（m³、亩）	
客土改良（m³、亩）	
种植田间道路（m）	
修筑田间道路（m）	
修筑生产道路（m）	

农艺措施

秸秆还田	种类	
	方式	
	数量（kg/亩）	
有机肥	种类	
	方式	
	数量（kg/亩）	
测土配方施肥	氮肥用量（kg/亩）	
	磷肥用量（kg/亩）	
	钾肥用量（kg/亩）	
加厚耕作层	耕翻方式	
	耕翻深度（cm）	
改良剂应用	抗旱保水剂（kg/亩）	
	硫酸亚铁（kg/亩）	
	过磷酸钙（kg/亩）	
	脱硫石膏（t/亩）	
	腐殖酸（kg/亩）	
绿肥翻压还田	实施面积（亩）	
	刈割数量（kg/亩）	
	还田数量（kg/亩）	

注：地类包括：水浇地、平川旱地、滩地、沟坝地、梯田、坡地、垣地、其他；地形部位包括：山地、丘陵、坡地、坡阶地、二级阶地、河漫滩、其他有机肥包括着畜禽肥（具体类型要写清）和精制有机肥。

附录五　高标准农田国家标识

附件 1　高标准农田国家标识使用及项目公示牌设立总体说明

一、高标准农田国家标识以圆为基本形态,整体以农业元素构成,以绿色和橙红色为主基调。标识由文字和图形构成,外圈绕排"高标准农田"中英文,中文"高标准农田"标于上方,醒目且庄重;英文标于下方,采用《高标准农田建设 通则》(GB/T 30600—2014)的英文翻译。内圈采用具体形象和寓意形象相结合方式设计,下方图形代表农田,整齐规范的田块、笔直通达的田间道路和相通的沟渠标识,寓意高标准农田景观,而田块颜色的差异代表农田的多样化利用。上方图形由"高标"的首字母"GB"创意形成,组成图形下半部分象征着饭碗,上半部分象征着碗中的米饭,图形上下组合形似粮仓,代表着粮食丰产、五谷丰登,寓意着高标准农田建设以提升国家粮食安全保障能力为首要目标,将中国人的饭碗牢牢端在自己手上。

二、新建高标准农田建设项目均应统一使用本标识。标识主要用于高标准农田建设项目公示牌、农田建设综合配套工程设施(如:泵房、沟渠、渠道建筑物、电力设施)等,可全部标识,也可以部分标识。此外,标识还可用于与高标准农田建设有关的管理资料、信息系统和宣传品等。

三、高标准农田建设项目均应设立项目公示牌。公示牌应选择在项目周边的公路、铁路等交通沿线和城镇、村庄周边的显著位置设立,便于宣传和接受群众监督。

四、高标准农田建设项目公示牌内容应包括项目名称、项目年度、项目四至范围、项目总投资、设计单位、建设单位、建设内容、建设工期、施工单位、监理单位、管护单位、投诉电话等。

五、项目公示牌左上角应统一绘制高标准农田国家标识,右下角应标明设立单位。

六、项目公示牌制作要坚持因地制宜、经济适用、简便易行原则,力求外观简朴、造价节约。

七、省级农业农村部门负责对本行政区域内设立项目公示牌的具体内容、尺寸、样式、制作材料、设立单位及后期管护等做出统一规定。

八、地方各级农业农村部门负责本行政区域内国家标识和项目公示牌的组织制作和监督。

九、高标准农田国家标识的所有权归属农业农村部。未经许可,任何单位和个人不得将该标识或与该标识相似的标识作为商标注册,也不得擅自使用。

附件2　高标准农田国家标识图案颜色及规格

编号	颜色	
1		C89　M48　Y100　K12
2		C82　M27　Y100　K0
3		C53　M7　Y98　K0
4		C9　　M79　Y100　K0
5		C2　M56　M93　K0

注:4、5为球形渐变。

附图5-1　高标准农田国家标识图案颜色

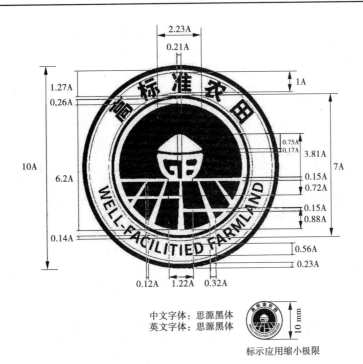

中文字体：思源黑体
英文字体：思源黑体

标示应用缩小极限

附图 5-2　高标准农田国家标识图案规格

附件 3　高标准农田建设项目公示牌参考式样及规格

附图 5-3　高标准农田建设项目公示牌参考式样及规格

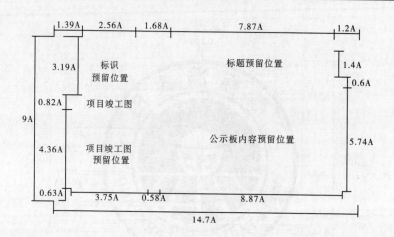

续附图 5-3

附件 4　高标准农田国家标识和项目公示牌应用案例

附图 5-4　泵房

附图 5-5 镶嵌

附图 5-6 喷绘

附图5-7 拐点界桩

附图5-8 拐点界桩(拓印)

附图5-9 电箱

附图 5-10　电力设施

参 考 文 献

［1］中华人民共和国国土资源部. 土地整治项目制图规范:TD/T 1040—2013［S］. 北京:中国标准出版社,2013.

［2］中华人民共和国国土资源部. 土地整治项目验收规程:TD/T 1013—2013［S］. 北京:中国标准出版社,2013.

［3］陈惠忠,姜和平,陈昌杰,等. 水利水电工程监理实施细则范例［M］. 北京:中国水利电力出版社,2005.

［4］运城市质量技术监督局. 运城市高标准农田建设指南:DB1408/T 002—2017［S］. 2018.

［5］郭旭新,樊惠芳,要永在. 灌溉排水工程技术［M］. 2 版. 郑州:黄河水利出版社,2016.

［6］于纪玉. 节水灌溉技术［M］. 郑州:黄河水利出版社,2007.

［7］陶继水,吴才轩,薛艳. 建筑工程定额与预算［M］. 郑州:黄河水利出版社,2010.

［8］邵正荣,陈金良,刘连臣. 建筑工程量清单计量与计价［M］. 郑州:黄河水利出版社,2010.

［9］潘松庆. 工程测量技术［M］. 2 版. 郑州:黄河水利出版社,2011.

［10］娄鹏,刘景运. 水利工程施工监理实用手册［M］. 北京:中国水利电力出版社,2007.

［11］姜国辉. 水利工程监理［M］. 北京:中国水利电力出版社,2005.

［12］孙犁. 建设工程监理概论［M］. 郑州:郑州大学出版社,2006.

［13］钟汉华. 工程建设监理［M］. 郑州:黄河水利出版社,2005.

［14］张梦宇,梁建林. 工程建设监理概论［M］. 北京:中国水利电力出版社,2006.

［15］中国水利工程协会. 水利工程建设合同管理［M］. 北京:中国水利水电出版社,2007.

［16］中国水利工程协会. 水利工程建设质量控制［M］. 北京:中国水利水电出版社,2007.

［17］万亮婷,袁俊森. 水泵与水泵站［M］. 2 版. 郑州:黄河水利出版社,2008.

［18］刘李明,罗中元. 泵站工程实用技术［M］. 郑州:黄河水利出版社,2021.

［19］王万茂,韩桐魁. 土地利用规划学［M］. 8 版. 北京:中国农业出版社,2013.

［20］郭学林. 无人机测量技术［M］. 郑州:黄河水利出版社,2018.

［21］陈晓明. 公路工程施工监理［M］. 郑州:黄河水利出版社,2008.